# 赣县区园林绿化建设管理实践

赣州市赣县区城市建设投资集团有限公司　编

U0330170

中国建筑工业出版社

图书在版编目（CIP）数据

赣县区园林绿化建设管理实践 / 赣州市赣县区城市建设投资集团有限公司编 . —北京：中国建筑工业出版社，2023.5
ISBN 978-7-112-28737-6

Ⅰ.①赣… Ⅱ.①赣… Ⅲ.①园林—绿化—建设—研究—赣县 Ⅳ.①S732.1

中国国家版本馆CIP数据核字（2023）第085802号

责任编辑：唐　旭
文字编辑：吴人杰
书籍设计：锋尚设计
责任校对：李辰馨

**赣县区园林绿化建设管理实践**
赣州市赣县区城市建设投资集团有限公司　编

\*

中国建筑工业出版社出版、发行（北京海淀三里河路9号）
各地新华书店、建筑书店经销
北京锋尚制版有限公司制版
北京富诚彩色印刷有限公司印刷

\*

开本：850毫米×1168毫米　横1/16　印张：5　字数：126千字
2023年6月第一版　　2023年6月第一次印刷
定价：**39.00**元
ISBN 978-7-112-28737-6
（40904）

# 编委会

———

主编单位：赣州市赣县区城市建设投资集团有限公司

主　　编：廖勤燕　钟喜林

副 主 编：钟惟海　谢以聪

参编人员：黄明华

# 前言

党的十八大提出"五位一体"总体布局，把生态文明建设放在更加突出的战略地位。在党的十九大报告中，首次提出美丽中国建设的目标。推进生态文明建设、建设美丽中国，是我们党顺应时代发展趋势、呼应人民群众期待、反映党的执政理念的重大战略选择。美丽赣县，生态文明赣县建设是顺应赣县社会发展需要，也是营造一个具有生境、画境、意境的，具有独特客家文化形象的城市品牌必然要求。

为总结实践经验并使其得到广泛推广，由赣州市赣县区城市建设投资集团有限公司牵头组织江西环境工程职业学院钟喜林等有关专家教授成立专题编写组。编写组对全区园林景观绿化情况进行现场调查、分析、论证、总结，结合实际编制了《赣县区园林绿化建设管理实践》。

因时间仓促，编者水平有限，本要点难免有不足之处，望读者批评指正。

# 目录

第一章

# 1

# 赣县区园林绿化
# 基础条件分析

**❶**

## 地理条件分析

　　赣县区位于江西省南部，赣江上游，环绕赣州市区，境域地形属丘陵山地，地势东南高，中、北部低，东部和南部重峦叠嶂，迂回起伏，其间夹有山间条带状谷地。中部和北部多为丘陵，大小河流纵横其间，切割成大大小小的丘陵盆地，比较容易形成地方小气候。

**❷**

## 气候条件分析

　　全境地处亚热带丘陵山区季风湿润气候区，气候温和，阳光充足，雨量充沛，并具有春早、夏长、秋短、冬迟的特点。四季交替，植物较易形成季相变化。

**❸**

## 土壤条件分析

　　赣县区土壤共分7个土类，主要有山地草甸土、山地黄壤、红壤、紫色土、石灰土、草甸土及水稻土。城北区主要以风化岩的红壤为主，土壤贫瘠，肥力较差，绿化植物选择耐瘠薄的乡土树种为宜。城南区主要以山地黄壤、草甸土及水稻土为主，肥力较好，适合各类乡土植物生长。

**❹**

## 水文条件分析

　　赣县区内水资源较丰富，水质良好。绿化施工、养护常使用湖泊水、河流水、中水（污水处理后的水）、雨水（回收利用）四个部分。区内四大河流为桃江、平江、贡江、赣江，由外县入境。城北区河流较少，不利于就地取水灌溉。城南区贡江穿流而过，方便营造植物景观，形成小气候。

# 第二章

# 2

赣县区常用园林
绿化植物

**1 乔木：**

香樟、大叶榕、小叶榕、天竺桂、罗汉松、本地榕、竹柏、朴树、红豆杉、杨梅、野鸭椿、广玉兰、紫玉兰、白玉兰、白兰花、乐昌含笑、深山含笑、红果冬青、杜英、木荷、合欢、金桂、丹桂、银桂、四季桂、红枫、枫香、三角枫、鸡爪槭、乌桕、栾树、梧桐、枫杨、鸡冠刺桐、柳树、香椿、重阳木、黄连木、无患子、雪松、马褂木、羊蹄甲、香泡、樱花。

**2 灌木：**

法国冬青、紫叶李、碧桃、厚皮香、垂丝海棠、西府海棠、榆叶梅、红梅、蜡梅、紫荆、木槿、木芙蓉、夹竹桃、紫薇、山茶、花石榴、果石榴、红叶石楠、小叶女贞、苏铁、含笑、无刺枸骨、有刺枸骨。

**3 地被植物：**

大叶栀子花、小叶栀子花、南天竹、鹅掌柴、细叶十大功劳、阔叶十大功劳、海桐、瓜子黄杨、雀舌黄杨、大叶黄杨、花叶黄杨、六月雪、火棘、金丝桃、结香、杜鹃、八角金盘、大花六道木、金森女贞、红花继木、马缨丹、龟甲冬青、茶梅、红背桂、锦带花、丰花月季、绣线菊、棣棠。

**4 草本植物：**

（1）草本：春羽、萱草、美人蕉、鸢尾、玉簪、野牡丹、满天星、肾蕨、麦冬、葱兰、风雨花、山菅兰、紫茉莉、景天、狼尾草、龙葵、商陆、蜈蚣草、蒲苇、翠芦莉、细茎针茅、粉黛乱子草、二月兰、红花酢浆草、吉祥草、鱼腥草、醉蝶花、绣球花。

（2）时令花卉：石竹、三色堇、矮牵牛、千日红、非洲凤仙、一串红、羽衣甘蓝、虞美人、太阳花、百日草、鸡冠花、金鱼草、长春花、孔雀草、四季海棠、美女樱、彩叶草、夏堇、万寿菊、硫华菊、白晶菊、瓜叶菊、波斯菊。

**5 藤本：**

迎春花、常春藤、三叶爬墙虎、金银花、紫藤。

**6 竹类：**

黄竹、小山竹、紫竹、四方竹、毛竹、凤尾竹、佛肚竹。

**7 水生植物：**

旱伞草、荷花、睡莲、再力花、黑藻、苦草、水葱、梭鱼草、紫芋、慈姑、荇菜、菖蒲、芦苇、菹草、狐尾草。

**8 行道树：**

香樟、栾树、桂花、天竺桂、杜英、广玉兰、无患子、乐昌含笑、合欢、马褂木。

不建议种植的园林绿化植物：木棉、黄花槐、火焰木、鸡蛋花、蓝花楹、棕榈、高山榕、台湾榕等。

# 乔木

图2-1 小叶榕

图2-2 天竺桂

图2-3 本地榕

图2-4 红豆杉

图2-5 竹柏

图2-6 罗汉松

图2-7 大叶榕

图2-8 朴树

图2-9 香樟

图2-10 杨梅

图2-13 广玉兰

图2-14 紫玉兰

图2-15 白兰花

图2-16 红果冬青

图2-11 杜英

图2-17 木荷

图2-18 合欢

图2-12 樱花

图2-19 白玉兰

图2-20 乐昌含笑

图2-21 深山含笑

图2-22 栾树

图2-23 乌桕

图2-24 梧桐

图2-25 金桂

图2-26 银桂

图2-27 枫香

图2-28 鸡爪槭

图2-29 枫杨

图2-30 红枫

图2-31 丹桂

图2-32　四季桂

图2-33　三角枫

图2-34　马褂木

图2-35　无患子

图2-36　鸡冠刺桐

图2-37　重阳木

图2-38　羊蹄甲

图2-39　香泡

图2-40　柳树

图2-41　黄连木

图2-42　香椿

# 灌木

图2-43 木槿

图2-44 蜡梅

图2-45 紫荆

图2-46 紫叶李

图2-47 垂丝海棠

图2-48 厚皮香

图2-49 木芙蓉

图2-50 红梅

图2-51 榆叶梅

图2-52 碧桃

图2-53 西府海棠

图2-54 法国冬青

图2-55　无刺枸骨

图2-56　有刺枸骨

图2-57　夹竹桃

图2-58　花石榴

图2-59　红叶石楠

图2-60　小叶女贞

图2-61　苏铁

图2-62　含笑

图2-63　山茶

图2-64　果石榴

图2-65　紫薇

# 地被植物

图2-66 阔叶十大功劳　　图2-67 细叶十大功劳　　图2-68 大叶栀子花　　图2-69 栀子花

图2-70 鹅掌柴　　图2-71 瓜子黄杨　　图2-72 南天竹　　图2-73 海桐

图2-74　火棘

图2-75　结香

图2-76　雀舌黄杨

图2-77　六月雪

图2-80　八角金盘

图2-81　珊瑚树

图2-78　金丝桃

图2-79　杜鹃

图2-82　大叶黄杨

图2-83　花叶黄杨

# 地被植物

图2-84　丰花月季

图2-85　绣线菊

图2-88　金森女贞

图2-89　锦带花

图2-86　大花六道木

图2-87　红背桂

图2-90　马缨丹

图2-91　龟甲冬青

图2-92　红花继木

图2-93　棣棠

# 草本

图2-94 萱草

图2-95 鸢尾

图2-96 肾蕨

图2-97 玉簪

图2-98 春羽

图2-99 美人蕉

图2-100 绣球花

图2-101 满天星

图2-102 野牡丹

# 草本

图2-103 葱兰

图2-104 二月兰

图2-107 景天

图2-108 粉黛乱子草

图2-105 风雨花

图2-106 红花酢浆草

图2-109 翠卢莉

图2-110 龙葵

图2-111 狼尾草

图2-112 吉祥草

图2-113 山菅兰

图2-114 麦冬

图2-115 商路

图2-116 鱼腥草

图2-117 细茎针茅

图2-118 蒲苇

图2-119 蜈蚣草

图2-120 紫茉莉

图2-121 醉蝶花

# 时令花卉

图2-122 虞美人

图2-123 羽衣甘蓝

图2-124 太阳花

图2-125 百日草

图2-126 矮牵牛

图2-127 三色堇

图2-128 一串红

图2-129 石竹

图2-130 鸡冠花

图2-131 非洲凤仙

图2-132 千日红

图2-133 夏堇

图2-134 万寿菊

图2-135 白晶菊

图2-136 金鱼草

图2-137 长春花

图2-138 孔雀草

图2-139 硫华菊

图2-140 瓜叶菊

图2-141 波斯菊

图2-142 四季海棠

图2-143 美女樱

图2-144 彩叶草

# 藤本

图2-145　常春藤

图2-146　金银花

图2-147　紫藤

图2-148　三叶爬墙虎

图2-149　迎春花

# 竹类

图2-151 黄竹

图2-152 凤尾竹

图2-153 四方竹

图2-150 紫竹

图2-154 小山竹

图2-155 毛竹

图2-156 佛肚竹

# 水生植物

图2-157 狐尾草

图2-158 菖蒲

图2-159 芦苇

图2-160 黑藻

图2-161 慈姑

图2-162 荷花

图2-163 苦草

图2-164 旱伞草

图2-165 梭鱼草

图2-166 水葱

图2-167 荇菜

图2-168 紫芋

图2-169 睡莲

图2-170 再力花

图2-171 菹草

# 行道树

图2-172 广玉兰

图2-173 乐昌含笑

图2-174 栾树

图2-175 天竺桂

图2-176 无患子

图2-177　合欢

图2-178　马褂木

图2-179　香樟

图2-180　桂花

图2-181　杜英

# 3 第三章

# 园林绿化
# 种植设计要点

1. 根据种植现场实际情况，种植设计应充分考虑种植土壤改良和基肥填放。

2. 种植区域地形设计要与周边园建、环境相呼应，因地制宜。为增加景观层次感可设计微地形，地形高程和坡度应符合相关规范。

3. 绿化给排水设计应全面考虑，做到植物养护有水可浇，雨期不涝不淹。

4. 按照适地适树的原则，选择适宜赣县区种植的园林品种，部分小气候或风口位置要注意植物选取。种植土贫瘠、干旱、热岛效应区选择易成活、耐干旱、养护成本低、景观效果好的品种，建议选择乡土树种。

5. 园林植物品种多样化，层次立体化，配置搭配丰富，乔灌木层次搭配，常绿植物与落叶植物的搭配，常绿植物与色叶植物搭配，做到四季景观交替、有景可赏、有花可观。植物配置中要避免生态习性相克的植物搭配。

6. 合理设计园林植物规格与株距，做到规格有大有小、高低错落，株距有疏有密，非行道树和列植植物忌排种形成植物墙。行道树和列植植物的株距保持一致，根据小苗规格合理设计种植密度。

7. 按照经济、实用、美观原则，苗木类型选择全冠苗、假植苗和部分实生苗。苗木要求茂盛、饱满，注明分枝点、分枝数量、土球大小、种植穴大小。

8. 应考虑苗木支撑固定，根据苗木规格大小合理设置支撑杆或拉线。

9. 种植配置苗木应按相关规范避让地下管线、高压线、临近建筑。

10. 种植设计符合海绵城市要求。

## 园林绿化种植设计常见问题

1. 在种植设计中考虑不周全，设计漏项。

2. 设计未考虑土壤改良和基肥填放。

3. 地形设计不合理，导致景观效果差，无形中增加了后期养护难度。

4. 浇灌系统、排水系统不完善，出现部分区域无水可浇、排水不畅甚至积水的情况。

5. 未按照适地适树的原则选择苗木。

6. 苗木品种单一，景观层次感差，多样化搭配不合理，出现有的季节无景可赏的现象。

7. 植物生态习性搭配不合理。

8. 盲目追求设计高大上，选用名贵树种、超大规格苗木，不考虑后期养护成本、养护难度。

9. 苗木规格含糊不清，同种单体苗木的规格出现冲突，规格与间距协调不一致，出现过密或过疏的情况。

10. 苗木类型选择不当，苗木形态标注不明朗，致使景观效果差。

11. 无固定支撑设计或苗木固定支撑设计不到位，导致支撑不牢。

第四章

4

园林绿化
种植技术要点

栽植园林苗木一般分为选苗、掘苗、装车、运输、卸车、栽植、养护等过程。要保证栽植苗木的成活，应按照科学的苗木栽植技术，掌握苗木生长规律及其生理变化，了解苗木栽植成活的原理。一般情况下，发根能力和再生能力强的树种容易成活，幼、青年期的苗木及处于休眠期的苗木容易成活，有充足的土壤、水分和适宜的气候条件的苗木成活率高。

## 一、绿化种植施工注意事项

1. 施工顺序：地形处理→埋设地下管网（包括绿化给水网）→定点放线→挖穴及施基肥→种植施工（按苗木栽植先大后小原则）→初验管养。

2. 绿化施工要求施工单位在挖穴时注意地下管线走向，遇地下异物时做到"一探、二试、三挖"，保证不挖坏地下管线和构筑物。

3. 种植高大乔木，遇空中有高压线时应及时反映，及时处理，保证高压线下必须有足够的净空安全高度。

4. 遇绿化施工图与现场不符或施工时遇到问题，应及时向工程监理单位、设计单位及工程主管单位反映，以便及时处理。

5. 施工单位应做好施工记录及工程量签证工作，以便于竣工验收及编制竣工资料。

## 二、园林植物种植时期

1. 赣县区园林植物种植气温适宜时期为1月份至6月份、10月份至12月份。7月份至9月份气候温度高，蒸发大，植物生长速度快，不宜种植园林植物。

2. 落叶植物栽植最佳时期为落叶后至发芽前，此时期植物没有树叶，蒸腾低，植物生长缓慢，水分需求少，不易被风刮倒，成活率高。发芽期和开花期是落叶植物生长高速期，虽移植气温适合，但此段时期移植要特别注意种植技术。

3. 由于特定要求在高温期栽植，应及时做好遮阴防暑、降温保活措施。及时浇灌，保障水分需求。

4. 充分了解植物生长习性、生长需求，合理安排各品种植物的最佳种植时期。

## 三、种植土壤要求

1. 种植绿化土壤应具备常规土壤的外观，有一定的疏松度，无明显可视杂物、常视土色、无明显异味。

2. 施工前了解种植土壤的pH值，对于pH值超

### 绿化种植施工常见问题

1. 施工顺序颠倒，导致出现不必要的返工或破坏已有成果，费工费料，工期延时。

2. 不注意地下管线，遇到地下异物操作不当。

3. 高压线下乔木高度过高。

4. 施工图与现场不符、施工时遇到问题，不及时反映给工程监理单位及设计单位，盲目施工。

5. 一味现场施工，不做施工记录及工程量签证工作。

### 种植时期常见问题

1. 高温期栽植，植物蒸腾大、生长速度快、水分跟不上致使苗木枯死。

2. 高温期栽植保障措施不到位或不及时。

3. 不了解植物生长习性、生长需求，栽植技术不达标。

出常规的土壤应进行改良。根据土壤pH值和植物生长习性设计植物品种，如有的植物喜微酸或微碱的土壤。

3. 土壤肥力技术要求应符合《绿化种植土壤》CJ/T 340—2016中表4.2.2的有关内容，土壤肥力不达标则种植前应填埋基肥，保障植物的生长需求。

4. 种植土壤有效土层厚度应符合以下数值：

（1）一般栽植

草坪、花卉、草本植物≥30cm。

小灌木、宿根花卉、小藤本≥40cm。

大、中灌木、大藤本≥90cm。

胸径<20cm的乔木（浅根）≥100cm。

胸径<20cm的乔木（深根）≥150cm。

胸径≥20cm的乔木≥180cm。

（2）设施顶面绿化

草坪、花卉、草本地被≥15cm。

灌木≥45cm，乔木≥80cm。

5. 除有地下空间顶板绿化、屋顶绿化等特殊地块，绿化种植土壤有效土层下应无大面积的不透水层，否则应打碎或钻孔，使土壤种植层和地下水能有效贯通。

6. 污泥、淤泥等不应直接作为绿化种植土壤，应清除建筑垃圾。

## 土壤常见问题

1. 种植土壤板结，透水性差，掺杂建筑垃圾、大颗粒杂物、杂草，土色不正。

2. 不了解土壤pH值、土壤肥力，有病虫害的土壤未消毒处理，盲目种植。

3. 土壤土质不符合种植要求，比如红砂岩、沙土等，种植土壤厚度要求不够。

4. 土壤种植层与地下水不贯通，尤其是树池、花坛直接在混凝土板上填土种植（地下空间顶板绿化、屋顶绿化等特殊地带除外）。

5. 污泥、淤泥直接用或混合用。

7. 花坛用土或用于种植对土壤病虫害敏感植物的绿化土壤宜先将其进行消毒处理后再使用。

8. 施工时土壤翻耕深度不能小于30cm。

## 四、地形整理

园林工程中的地形整理，是根据园林绿地的总体设计要求，对现场的地面进行填、挖、堆筑等，为园林工程建设造出一个能够适应各种项目建设、更有利于园林植物生长的地形。

图4-1 常规土壤

图4-2 土壤肥力较好土壤

图4-3 花卉土壤

1. 按照地形设计要求、设计标高，测量放样后整地。

2. 地形整理的方法是采用机械初整和人工细整相结合的方法。

3. 地形整理表层土的土层厚度及质量必须达到设计要求及相关规范。

4. 乔灌木种植前要机械初整地形，乔灌木种植后初整地形基本受到破坏，地形坑洼不平。种植小苗前要进行二次人工细整。初整、细整都要求土块颗粒小、地形顺畅无坑洼。

5. 铺植草坪则要求更高，细整后要求铺一层中沙，刮平整后铺草坪。

## 五、园林绿化苗木选择

由于苗木质量直接影响到苗木栽植成活和以后的绿化效果，所以在购苗时必须十分重视苗木选择。在确保树种符合设计要求的情况下，还应有如下要求：

1. 对苗木质量的要求

（1）植株健壮苗木通直圆满，枝条茁壮，组织充实，不徒长，木质化程度高，细枝、顶枝无枯死。相同树龄和高度条件下，杆径越粗质量越好。

（2）根系发达而完整，主根短直，接近根颈

### 常见问题

1. 未按设计要求、设计标高整地。

2. 整地方法使用不当，导致成本上升、工期延误。

3. 地形整理不到位、地形不顺畅、土块过大、坑洼不平。

4. 未整地先种植，乔灌木种植后未人工细整就栽植小苗，或使用机械二次整地。此时机械整地容易误伤乔灌木，部分区域机械无操作空间，施工速度也受到影响。

5. 铺植草坪未铺中沙层，草坪不平整。

一定范围内有较多的侧根和须根，起苗后大根系无劈裂。

（3）具有完整健壮的顶芽（顶芽自剪的树种除外），对针叶树更为重要，顶芽越大，质量越好。

（4）苗木根系颜色应为白色，有弹性，根须颜色发黑表明苗木起苗时间太长；有病害的根系发黄，韧皮部和木质部易分离。

（5）苗木叶片颜色要油绿，比如樟树黄色是有病害，需加强养护；红叶石楠黄叶表明根部有虫害。

图4-4　地形处理较明显

图4-5　地形处理不明显

（6）地被类植株壮实，并要符合要求的高度。

## 2. 对苗木冠形和规格的要求

（1）乔木枝叶茂密，树冠完整。尤宜选用在苗圃经过多次移植的苗木。因经过几次移植断根，再生后所形成的根系较丰满紧凑，栽植容易成活。

（2）灌木高在1m左右，有主干或主枝3～6个，分布均匀，细枝密实，不透绿，无偏冠或病虫枯枝，根系有分枝，冠型丰满。

（3）孤植树个体姿态优美或兼有色彩美，在功能上以观赏为主，单株成景。枝叶茂密，有新枝生长，不烧膛。中轴明显的针叶树基部枝条不干枯，圆满端庄。

（4）绿篱个体一致，下部不秃裸，球形苗木枝叶茂密。

（5）藤本有2～3个多年生主蔓，无枯枝现象。

## 3. 苗木直径检测

树木的米径通用是在地面以上1.0m处测量，米径小于6cm的苗木或丛生树在地面以上0.3m处量地径。

## 4. 病虫害确认

一般是观察树叶、枝、干、根有无异样。病虫害的发生会直接威胁到植物的长势和品质。

一些病虫害的发生有明显特点，主要表现为以下特征：在叶片上出现大斑点；叶片生长畸形或迟缓；叶片变色；叶片有坏死、残缺或者穿孔现象；叶片上有环斑或小斑点；叶或花上出现腐烂症状。

图4-6 树形优美的桂花

图4-7 规格一致的苗木

## 苗木选择常见问题

1. 所选取的苗木长势不好，分枝少，树黄、有枯枝、不饱满、偏冠，根系不发达。

2. 同一规格的苗木，树形、树冠差异大，不标准，不规范。

3. 未按设计规格、设计要求合理选苗，选苗时出现所选品种与设计品种不一致。

4. 有病虫害的苗木未及时发现，直接选取。

5. 所选苗木土球不达标或松散，包扎不到位。

6. 所选苗木性价比不高，供苗地或供苗商货源不充足，运距过长。

7. 所选苗木出现截干苗或培育时间未到的骨架苗。

8. 乔木米径测量时，未拆除树干保护物，测量数值不准确。

### 5. 怎样选购优质绿化苗木

#### （1）苗木品种选购核实名称

园林绿化工程设计中的植物名称都是植物学名，而有的植物俗名或地方土名又恰与另一种植物的学名相同，非同一品种。订购苗木时，一定要与供苗方仔细核对苗木品种。如不慎重，则可能会导致品种错误而耽误工期或不能充分体现设计意图而影响绿化效果。

#### （2）尽量选用本地苗木

本地苗圃繁育的苗木或引进后在本地苗圃驯化后的苗木对本地土壤和气候条件的适应性更强。选用本地苗木还可避免苗木的长途调运，能够保证苗木随起随种，成活率会更高。同时，还可避免将外地的病虫害带入本地。

#### （3）选用苗圃地培育的苗木

选苗时尽量选用苗圃地培育的苗木。苗圃地培育的苗木一般都经过多次的移栽，须根多，栽植容易成活，缓苗也快。

#### （4）购苗要保证苗木质量

购苗要尽量选择与本地气候、土壤等苗木生长环境条件差异不大的苗源地，或经实践证明能够保证在本地种植成活的苗木。这样才能保证苗木种植成活率，保证苗木的质量。

#### （5）实地看苗

到实地看苗，一是看苗木量是否充足，二是看苗木质量是否符合要求，有无病虫害，以免出现差错而造成不必要的损失或耽误工期。春季选购常绿针叶树或抗寒性差的树种时还要注意察看育苗地的墒情。未浇冻水或冻水浇灌不足、土壤墒情差的苗木成活率相对较低。

#### （6）认真进行苗木检验

苗木到货后，确定品种无误，一定要认真进行苗木检验。

①按设计规格及要求，核对苗木规格、土球、树形、分枝点、净干高等。

②注意观察苗木是否有失水现象。

③注意检验苗木有无病虫害。

④仔细检查根部是否受损。

⑤注意检查枝干部有无伤皮或劈裂。如伤皮较多或枝干有劈裂伤，将影响树体营养与水分的运输，不利于苗木成活。

### 6. 苗木的几种典型类别

#### （1）全冠移植苗（推广种植）

全冠移植苗是在保持原有树形的前提下，对树木进行适当疏枝、疏叶后，再行栽植的一种种植形式。全冠移植苗解决了大苗全冠移栽技术难题。

图4-8 袋装四个月苗

图4-9 袋装十个月苗

全冠移植苗特点是控根快速，育苗技术采用特制育苗容器以控制主根系生长，促使毛细根快速生长，形成粗而短的发达须根系，且数量大，根系营养充足，树木生长旺盛。移栽时不起苗、不包根、不需要截干、截枝、摘叶，完全可以全冠移栽大苗，被誉为可移动的森林。其控根容器不但透气性能好，而且具有防止根腐病和主根缠绕的独特功效，加上控根专用基质的双重作用，使苗木所需水肥条件得到良好控制。控根容器拆卸方便，移栽时不伤根，所以移栽成活率高，后期管理成本低。

（2）假植苗（推广种植）

假植苗指经过断根处理或者断根移植过，常用围板、红砖、其他容器等作为定根器将泥头固定在地面之上的苗木（注：移栽年限超过三年的苗木虽断根处理或者断根移栽过，但最近三年之内没有进行断根处理或者断根移栽的苗木一般归类为地栽苗）。

假植是为了提高苗木移栽的成活率，假植可以砍断移植过程中无法保留的大树根，使苗木生长更多短小须根，确保后期移栽苗木有足以成活的树根。假植苗木移植成活率高，缓苗期短，对养护要求较低。以下几种情况优先选用假植苗：非适宜移植季节；对植物施工有即时效果；对成活率有较高要求，或者对植物的适栽时间和方法没有把握；后期养护有困难。

（3）骨架苗（落叶树可选用）

骨架苗指带有分枝、树形基本固定的苗木，特点是成形周期短，适合小范围绿化的速成。

骨架苗培植过程中保留主干骨架，留有一定树形，成活三年后，冠幅可达预期效果。骨架苗克服了截干苗冠幅成形慢的缺点，移栽成活率高。

（4）实生苗（部分选用种植）

直接由种子繁殖的苗木。它包括播种苗、野生实生苗以及用上述两种苗木经移植的移植苗等。由种子繁殖得到的苗株，有别于无性繁殖得到的扦插苗、嫁接苗等。实生苗具有生长旺盛、根系发达、寿命较长等特点。用作繁殖材料时来源丰富，方法简便，成本低廉。移栽需疏枝、疏叶、重剪，多数苗木移栽后不能立竿见影出效果。取苗工作难度大，常损坏根系，成活率降低，养护难。

（5）截干苗（园林绿化不建议种植）

截干苗是为了保证苗木移植的成活率将植物进行最大化的修剪，使其失去了原有的树形及美观。截干苗正常都是移植苗，须根较多，主根不明显，种植后没有种植景观效果，园林中不建议

图4-10 假植苗

图4-11 骨架苗

图4-12 截干苗1

图4-13 截干苗2

图4-14 实生苗

使用。截干苗常在矿区生态修复、水环境和湿地生态修复等工程中使用。

## 六、掘苗

### 1. 掘苗准备

（1）掘苗打号：重点看背阳还是向阳，土壤的性质，看苗木场是否向阳，土壤不能为砂质土，最好是黄土和耕地泥。在选好的苗木上用喷漆料做出明显标记编号，打号，以免误挖。名贵树种打号时在树木阳面进行打号，利于到达栽植后适应栽植环境，提高成活率。

（2）土地准备：掘苗前调整好土壤的干湿情况，如果土质过于干燥应该提前灌水浸地。反之土壤过湿，影响掘苗操作，则应设法排水。

（3）拢冠：常绿树尤其是分枝点低，侧枝分叉角度较大的树种，如桧柏、云杉等，掘苗前用草绳将树冠松紧适度地围拢。这样，既可避免在掘苗、运输、栽植过程中损伤树冠，又便于掘苗操作。

（4）工具、材料准备：备好适用的掘苗工具和材料。带土球掘苗用的草绳等材料要用水浸泡湿透待用。

### 2. 掘苗方法

（1）露根法（裸根掘苗）：露根法适用于休眠状态的落叶乔、灌、藤本。此法操作简便，节省人力、运输及包装材料。掘苗后要对根部进行蘸泥浆、喷洒保水剂、涂抹生根粉等处理；如要攒墩假植，要用遮阴网遮盖；起苗前要安排车辆提前到达起苗现场，将车停放在树荫下，随起随放上车。

（2）带土球掘苗：将苗木的一定根系范围，连土掘削成球状，土球不低于苗木直径6倍。用草袋、草绳或其他软材料进行包装。由于土球内须根未受损伤，带有部分原有适合生长的土壤，移植过程中水分不易损失，有利于恢复生长。但操作困难，费工、耗包装材料，土球笨重，增加运输负担，成本大大高于裸根移植。移植常绿树种和生产季节移落叶树必用此法。

（3）掘苗要点：要求打密包的树种，根据气温状况，气温低树坨小、气温高树坨大，及时挖运、栽植浇水、修剪。小苗木打包，要求苗床温度大，捆扎结实，树苗摆放层数不能太多，时间不能过长，装完苗后要喷水、遮盖。

地被类（景天）一般用刀割或镐刨，将苗木按顺序堆放在一起，以一定数量（几千芽）装进丝袋或纸箱，封袋。

## 七、苗木包装

### 1. 乔木掘苗后包装用草绳打密包，常绿乔木冬

季一般打疏包，乔木吊装树上钉一圈木板，防止吊装损坏树皮。

2. 灌木起苗后一般用丝袋将起好的苗木（几棵或几十棵）捆包起来，按顺序装上车。

3. 地被起苗后将苗木放在荫凉处，可用丝袋或纸箱进行包装（数量相同），及时装车，必要时车内放冰块进行降温，装车速度要快。

## 八、苗木装车

1. 装车前注意事项

（1）苗木装运前应仔细核对苗木的品种、规格、数量、质量。外地苗木应事先办理苗木检疫手续。

（2）运输吊装苗木的机具和车辆的工作吨位，必须满足苗木吊装、运输的需要，并应制订相应的安全操作措施。

2. 装运裸根苗

（1）装运乔木时应树根朝前，树梢向后，顺序排码。

（2）车厢内应铺垫草袋、草垫子等物，以防碰伤树皮；枝干与车厢沿相接部位应垫支架或草帘、秸秆保护；大规格乔木车厢制作木架支撑，防止枝条压断，确保树型完整。

（3）树梢不得拖地，必要时要用绳子拢冠，

捆绳子的地方需用草垫子铺上。

（4）装车不要超高，不要压得太紧，重量大的苗木在下，轻的在上。

（5）装完后用遮阳网将根部盖严捆好，以防树根失水。

3. 装运带土球苗

（1）高度1.5m以下苗木可以立装，高大的苗木必须放倒，土球向前，树梢向后并用木架将树冠架稳。

（2）土球直径大于60cm的苗木只装1~2层，小土球可以码放2~3层，土球之间必须排码紧密以防摇摆。

（3）土球上不准站人和放置重物。

## 九、苗木运输

运输途中，押运人要和司机配合好，经常检查苫布是否漏风。短途运苗中途不要休息，长途行车必要时应洒水浸湿树根，休息时应选择荫凉之处停车，防止风吹日晒。

## 十、苗木卸车

卸车时要爱护苗木，轻拿轻放。裸根苗要顺序拿取，不准乱抽，更不可整车推下。带土球苗卸车时不得提拉树干，而应双手抱土球轻轻放

下。较大的土球最好用起重机卸车，起重机卸车前乔木树上钉一圈木板，防止吊装损坏树皮。

## 十一、苗木假植

苗木运到现场，当天不能栽植的应及时进行假植。

1. 裸根苗短期假植

裸根苗可在栽植现场附近选择适合地点，根据根幅大小，挖假植沟假植。假植时间相对较长时，根系应用湿土埋严，不得透风，根系不得失水。

2. 裸根苗较长时间假植

必须进行根部浇水，叶面喷水，频率根据苗木状况和蒸发程度确定；为减少苗木叶片蒸发，保留苗木根部养分，苗木集中假植，便于修剪且有利于集中去除病虫害。

3. 裸根苗也应进行及时遮盖，防止阳光照射，减少苗木失水。

4. 带土球的苗木，运到工地以后，如当天内不能栽完，应选择不影响施工的地方，将苗木码放整齐，四周培土，喷水保持土球湿润，树冠之间用草绳围拢。假植时间较长者，土球间隔也应填土，并根据需要经常给苗木进行叶面喷水。

## 掘苗至苗木假植常见问题

1. 掘苗地不符合掘苗要求，太干或太湿。选苗打号随意，土球直径不达标，土球未用草绳绑扎或土球松散，绑扎不实。掘苗方法不对，随意减少掘苗流程。

2. 乔木草绳包装打包不密实，机械吊装点未钉一圈木板，容易损伤树皮。灌木、小苗未合理使用包装袋或包装箱。

3. 苗木装车前，外地苗木未事先办理苗木检疫手续。

4. 装车时，乔木朝向不对，顺序错乱。未做好苗木防刮伤、碰伤措施，特别是大乔木的枝条防压断措施。装车时，工作人员随意踩踏苗木或苗木土球。重量小的苗木在下，重量大在上，出现压伤、压断的情况。装车后出现苗木拖地、超高、超宽、超重的现象。整车装载太紧，装载完后未使用遮阳网或篷布盖严苗木。装车机械、设备选择不当。

5. 运输中不关注苗木水分流失情况。

6. 卸苗未按顺序依次卸货，随意抛掷苗木。机械卸苗未采取防破皮措施，甚至使用钢丝绳卸苗。

## 十二、苗木定植

### 1. 挖穴及回土

栽植穴的大小，直接影响苗木定植后的生长发育。

（1）栽植穴定点放线应符合设计图纸要求，位置应准确，标记明显。栽植穴定点时应标明中心点位置，栽植槽应标明边线。定点标志应标明树种名称（或代号）、规格。

（2）栽植穴的直径应大于土球或裸根苗根系展幅40~60cm，穴深宜为穴径的3/4~4/5。栽植穴应垂直下挖，上口下底应相等。

（3）栽植穴、槽挖出的表层土和底土应分别堆放，底部应施基肥并回填表土或改良土。

（4）栽植穴、槽底部遇有不透水层及重黏土层时，应进行疏松或采取排水措施。土壤干燥时应于栽植前灌水浸穴、槽。

（5）当土壤密实度大于1.35g/cm$^3$或渗透系数小于$10^{-4}$cm/s时，应采取扩大树穴，疏松土壤等措施。

### 2. 栽植土施肥

（1）商品肥料应有产品合格证明，或已经过试验证明符合要求。

（2）有机肥应充分腐熟方可使用。

（3）施用无机肥料应测定绿地土壤有效养分含量，并宜采用缓释性无机肥。

（4）在树木生长过程中，每隔一段时间，要为树木补充长效肥，即施基肥。

### 3. 散苗

将苗木按设计图纸定点放线，摆放在栽植穴旁边，称散苗。

（1）必须保证位置准确，按图散苗，细心核对，避免散错。带土球苗木可置于坑边，裸根苗应根朝下置于坑内。对有特殊要求的苗木，应按规定对号入座。

（2）保护苗木植株与根系不受损伤，带土球的常绿苗木更要轻拿轻放。应边散边栽，减少苗木暴露时间。

（3）作为行道树、绿篱的苗木应于栽植前量好高度，按高度分级排列，以保证邻近苗木规格基本一致。

（4）在假植沟内取苗时应按顺序进行，取苗后及时用土将剩余苗的根部埋严。

4. 栽前修剪

（1）落叶乔木修剪应按下列方式进行

具有中央领导干、主轴明显的落叶乔木应保持原有主枝和树形，适当疏枝，对保留的主侧枝应在健壮芽上部短截，可剪去枝条的1/5～1/3。

无明显中央领导干、枝条茂密的落叶乔木，可对主枝的侧枝进行短截或疏枝并保持原树形。

行道树乔木统一定净干高，第一分枝点以下枝条应全部剪除，同一条道路上相邻树木分枝高度应基本统一。

（2）常绿乔木修剪应按下列方式进行

常绿阔叶乔木具有圆头形树冠的可适量疏枝；枝叶集生树干顶部的苗木可不修剪；具有轮生侧枝，作行道树时，可剪除基部2～3层轮生侧枝。

松树类苗木宜以疏枝为主，应剪去每轮中过多主枝，剪除重叠枝、下垂枝、内膛斜生枝、枯枝及机械损伤枝；修剪枝条时基部应留1～2cm木橛。

柏类苗木不宜修剪，具有双头或竞争枝、病虫枝、枯死枝应及时剪除。

（3）灌木及藤本类修剪应符合下列规定

有明显主干型灌木，修剪时应保持原有树型，主枝分布均匀，主枝短截长度宜不超过1/2。

丛枝型灌木预留枝条宜大于30cm。多干型灌木不宜疏枝。

绿篱、色块、造型苗木，在种植后应按设计高度整形修剪。

藤本类苗木应剪除枯死枝、病虫枝、过长枝。

（4）苗木修剪应符合下列规定

苗木修剪整形应符合设计要求，当无要求时，修剪整形应保持原树形。

苗木应无损伤断枝、枯枝、严重病虫枝等。

落叶树木的枝条应从基部剪除，不留木橛，剪口平滑，不得劈裂。

枝条短截时应留外芽，剪口应距留芽位置上方0.5cm，修剪直径2cm以上大枝及粗根时，截口应削平，应涂防腐剂。

（5）非栽植季节栽植落叶树木，应根据不同树种的特性，保持树型，宜适当增加修剪量，可剪去枝条的1/3～1/2。

5. 栽苗

散苗后将苗木放在坑内扶植，提苗到适宜深度，分层埋土压实、固定的过程称栽苗。

（1）栽植树木时，迎面低矮、后侧高栽，便于阳光照射和观赏；三面或四面通透的场地，前低中高，有层次感，视觉效果好。

（2）地被、花卉、小苗栽植：先定点放线，线条顺畅。根据植物带土量，适当降低栽植区域的土层厚度。先沿边缘线栽植，边缘要求顺畅，株距比内部略密实，内部则种植密度一致。

（3）栽植顺序按先大后小原则。

（4）回土前必须仔细核对设计图纸、查看树种、规格是否正确，若发现问题应立即调整。

（5）树形及长势最好的一面应朝向主要观赏方向，平面位置和高程必须与设计规定相符；树身垂直不歪斜（特定观赏树除外），如果树干有弯曲，其弯向应面向当地的主风方向。

（6）栽苗深浅对成活率影响很大，种植穴下部要垫一定厚度疏松土壤，回土后与原土痕平齐；灌木及地被不得过浅或过深。

（7）针叶树栽植时树坑不能过深，原土球上面回土不超过15cm，因为针叶树种的根系横向发展、扎根不深便于呼吸。阔叶树回土不能超过20cm。

（8）栽植前将捆拢树冠的草绳解开。

（9）栽植时，将苗木根系妥善安放在坑内新填的底土层上，直立扶正。待填土到一定程度时将苗木轻轻提拉到深度合适为止，并保持树身直立，树根呈舒展状态，然后将回填坑土踩实或夯实，最后用余土在树坑外缘培起灌水堰。

（10）栽植带土球苗木，必须先测量好坑的深度与土球高度是否一致。若有差别应及时将树坑挖深或填土，必须保证栽植深度适宜。土球入坑定位，安放稳当后，应尽量将包装材料全部解开取出，即使不能全部取出也要尽量松绑或用刀划散包装物，以利于根断面接触土壤促进新根再生。

（11）高大苗木栽植后要做支撑固定，回土

时夯实，细心浇水，让土质密实、渗实。大风刮倒、刮歪的苗木切忌强行扶正，风后可侧挖，也可给透水后扶正。

（12）立支柱：应根据立地条件和树木规格进行三角支撑、四柱支撑、联排支撑及软牵拉。支撑物的支柱应埋入土中不少于30cm，支撑物、牵拉物与地面连接点的连接应牢固。连接树木的支撑点应在树木主干上，其连接处应衬软垫，并绑缚牢固。支撑物、牵拉物的强度能够保证支撑有效；用软牵拉固定时，应设置警示标

志。针叶常绿树的支撑高度应不低于树木主干的2/3，落叶树支撑高度为树木主干高度的1/2。同规格同树种的支撑物、牵拉物的长度、支撑角度、绑缚形式以及支撑材料宜统一。

**6. 浇水**

（1）树木栽植后应在栽植穴直径周围筑高10～20cm围堪，堪应筑实。

（2）浇水时应在穴中放置缓冲垫。

（3）每次浇灌水量应满足植物成活及生长需要。

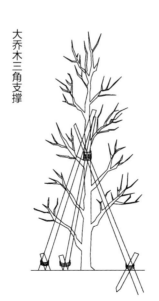
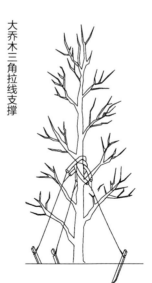
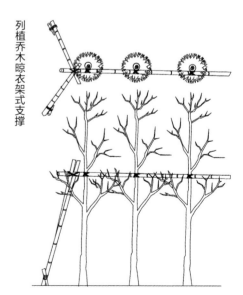

图4-15　乔木的不同支撑方式

43

## 苗木定植常见问题

1. 定植前未按设计要求整地，地形整理不到位，坑坑洼洼，尤其是草坪地形。

2. 栽植顺序颠倒，未严格遵照先栽大后植小的原则。

3. 种植前定点放线不精确或误差大，苗木品种多时甚至出现错误的定点放线。

4. 种植穴开挖直径过小、深度不到位，导致苗木土球放不下去。不及时增大种植穴直径、深度，反而将苗木土球削小、削矮，甚至打散苗木土球。种植穴形状不平整，歪歪扭扭，穴内高低不一。

5. 培土、基肥施工不规范，导致苗木烧根。

6. 散苗时放错苗木品种。

7. 苗木修剪过重，整株苗木枝叶稀疏。修剪过轻，树叶多则蒸腾大，成活率低、前期养护难度大。非专业人员修剪则常出现偏冠、疏密不一致、该修剪的未修剪，该保留的却被剪除。

8. 落叶树种无树叶而忽略修剪。由于枝条过多，发芽容易抽空水分养分；花苞不摘除，开花过后容易枯死。

9. 栽植前未核实苗木品种及规格。

10. 小苗栽植前未二次整地，小苗定位放线出现不准确，线条不流畅。小苗种植未先栽植边缘线，则边缘线锯齿状不顺畅，边缘线不密实等情况，内部小苗种植密度不一。

11. 栽植时未考虑苗木朝向，苗木的种植深度。不解除土球绑扎绳，不拆除土球容器直接栽植。回土夯实不密实，未做灌水堰。

12. 栽植后的苗木歪歪扭扭，未达到预期效果。

13. 定根水未浇到位，出现表层有水，根部未浇透。

14. 苗木支撑固定不到位或不支撑，同一树种、同一规格的苗木支撑方位、支撑高度不一，支撑不牢固。

15. 栽种时期不对，高温期栽苗成活率低，降温保活成本高，前期养护难度大。

16. 栽植时未避让地下管线、高压线及建筑物。

（4）新栽树木应在浇透水后及时封堰，以后根据当地情况及时补水。

（5）对浇水后出现的树木倾斜，应及时扶正，并加以固定。

7. 非种植季节栽植

（1）苗木可提前环状断根进行处理或在适宜季节起苗，用容器假植，带土球栽植。

（2）落叶乔木、灌木类应进行适当修剪并应保持原树冠形态，剪除部分侧枝，保留的侧枝应进行短截，并适当加大土球体积。

（3）可摘叶的应摘去部分叶片，但不得伤害幼芽。

（4）夏季可采取遮荫、树木裹干保湿、树冠喷雾或喷施抗蒸腾剂，减少水分蒸发；冬季应采取防风防寒措施。

（5）掘苗时根部可喷促进生根激素，栽植时可加施保水剂，栽植后树体可注射营养剂。

（6）苗木栽植宜在阴雨天或傍晚进行。

8. 干旱地区或干旱季节栽植

干旱地区或干旱季节，树木栽植应大力推广抗蒸腾剂、防腐促根、免修剪、营养液滴注等新技术，采用土球苗，加强水分管理等措施。

## 十三、行道树种植与管理技术要点

1. 人行道宽度3m以上，地上具备行道树生长空间的道路，宜栽植行道树。道路交叉口及弯道内侧在车辆安全视距内不得栽植行道树。行道树与地面公共设施的距离要求应符合现行行业标准。

2. 行道树种植土壤应具备常规土壤的外观，有一定的疏松度，无明显可视杂物、常视土色、无明显异味，无建筑垃圾。土壤pH值符合行道树品种习性要求，土壤肥力足，种植前树穴底部要填放一定的基肥。

3. 行道树品种应适应赣县区道路的环境特点和功能要求。品种要求多样化，以适生树种为

主，适当选用外来已驯化成功的树种。应选择树干通直、冠大荫浓、景观效果好、耐修剪、抗病虫性强、易养护，且花、果对环境影响较小的树种。

4. 行道树树穴或绿带应留有树木根系生长的空间。树穴一般不小于1.5m（长）×1.5m（宽）×1.5m（深），绿带宽度不小于1.5m。行道树的主干中心与各种地下管线边缘的水平间距原则上不得小于0.95m。

5. 在同一道路段上行道树的胸径、净干高度必须一致。行道树高度5～7米，冠幅3.5～5m，净干高2.0～2.5m，主分枝3～5枝，树冠饱满，无病虫害。株距一般为6～8m，株距要根据品种确定。

6. 栽植时进行适当修剪，去除受损的枝条、根系。修剪应做到树冠饱满，骨架均匀。修剪后应对大于5cm的切口进行保护处理，采取涂抹愈伤涂抹剂、波尔多液护创剂等措施。

7. 行道树栽植的覆土高度应高于地表面5cm左右，待土下沉后，使根茎与地面持平。对排

图4-16　树穴统一的行道树种植

水不良的树穴，应在穴底铺渗水管或采取其他排水措施。

8. 栽植后应在树穴周围筑浇水堰，浇水堰应筑实、底平，不应漏水。栽植后应及时浇透水，隔天复水。遇到干旱天气时，适时浇水，宜采取喷雾保水的措施。浇水应缓浇慢渗，出现漏水、土壤下陷和树木倾斜，应及时采取培土、扶正等措施。

9. 新种行道树的树穴可用透气透水的覆盖物加以覆盖，防止树穴扬尘和黄土裸露。

10. 支撑物与行道树扎缚处应夹垫软性垫物，扎缚要整齐、牢固、紧密，扎缚后树干应保持直立，铁丝端头不得外露。统一支撑高度，支撑物方位一致。

11. 行道树后期养护要加强水、肥管理。高温时期洒水车浇灌往往浇不透，出现失水状况，建议使用可移动滴灌袋、滴滴宝。同时，还可以补充植物所需的肥料。

12. 行道树病虫害管理以"预防为主，综合防治"为方针，及时发现，及时治理。

## 行道树种植与管理技术常见问题

1. 行道树影响交通。

2. 种植土壤板结，透水性差，掺杂建筑垃圾、大颗粒杂物、杂草，土色不正，土壤肥力不足。

3. 行道树品种单一，品种选择不当，部分品种不适应当地气候环境。

4. 种植穴不达标，栽后无覆盖物，土壤裸露。施工时未注意地下管线，树干中心与各种地下管线边缘的水平间距不足。修剪不当，种植穴覆土过高或过低，种植浇水不到位。

5. 同一道路段上行道树规格差异大，树形不饱满，净干高未统一在一条线上。支撑不规范，不牢固。

6. 后期养护水、肥跟不上，树木生长不理想，甚至枯死。病虫害未得到及时预防、及时治理。

## 十四、大树移植

因项目建设中征地拆迁等工作需要，对场地内大树移植应注意以下事项。

1. 树木的规格符合下列条件之一的均应属于大树移植

（1）落叶和阔叶常绿乔木：胸径在20cm以上。

（2）针叶常绿乔木：株高在6m以上或地径在18cm以上。

2. 大树移植的准备工作应符合下列规定

（1）移植前应对移植的大树生长、立地条件、周围环境等进行调查研究，制定技术方案和安全措施。

（2）准备移植所需机械、运输设备和大型工具必须完好，确保操作安全。

（3）移植的大树不得有明显的病虫害和机械损伤，应具有较好观赏面。植株健壮、生长正常的树木，须具备起重及运输机械等设备能正常工作的现场条件。

（4）选定的移植大树，应在树干南侧做出明显标识，标明树木的阴、阳面及出土线。

（5）移植大树可在移植前分期断根、修剪，做好移植准备。

3. 大树的挖掘及包装应符合下列规定

（1）针叶常绿树、珍贵树种、生长季移植的阔叶乔木必须带土球（土台）移植。

（2）树木胸径20~25cm时，可采用土球移栽，进行软包装。当树木胸径大于25cm时，可采用土台移栽，用箱板包装。

（3）休眠期移植落叶乔木可进行裸根带护心土移植，根幅应大于树木胸径的6~10倍，根部可喷保湿剂或蘸泥浆处理。

（4）带土球的树木可适当疏枝，裸根移植的树木应进行重剪，剪去枝条的1/2~2/3。针叶常绿树修剪时应留1~2cm木橛，不得贴根剪去。

4. 大树移植的吊装运输

（1）吊装、运输时，应对大树的树干、枝条、根部的土球、土台采取保护措施。

（2）大树吊装就位时，应注意选好主要观赏面的方向。

（3）应及时用软垫层支撑、固定树体。

5. 大树移栽

（1）栽植穴应根据根系或土球的直径加大60~80cm，深度增加20~30cm。

（2）种植土球树木，应将土球放稳，拆除包装物；大树修剪应符合《园林绿化工程施工及验收规范》CJJ 82—2012第4.5.4条的要求。

（3）栽植深度应保持下沉后原土痕和地面等高或略高，树干或树木的重心应与地面保持垂直。

（4）栽植回填土壤应用种植土，肥料应充分腐熟，加土混合均匀，回填土应分层捣实、培土高度恰当。

（5）大树栽植后设立支撑应牢固，并进行裹干保湿，栽植后应及时浇水。

（6）大树栽植后，应对新植树木进行细致的养护和管理，应配备专职技术人员做好修剪、剥芽、喷雾、叶面施肥、浇水、排水、搭荫棚、包裹树干、设置风障、防台风、防寒和病虫害防治等管理工作。

## 十五、草坪及草本地被播种

1. 草坪和草本地被播种

（1）选择适合本地的优良种子，确定合理的播种量，不同草种的播种量可按照下表进行播种。

（2）播种前应对种子进行消毒、杀菌。

图4-17 大树吊装种植

| 草坪种类 | 精细播种量（g/m²） | 粗放播种量（g/m²） |
| --- | --- | --- |
| 剪股颖 | 3~5 | 5~8 |
| 早熟禾 | 8~10 | 10~15 |
| 多年生黑麦草 | 25~30 | 30~40 |
| 高羊茅 | 20~25 | 25~35 |
| 羊胡子草 | 7~10 | 10~15 |
| 结缕草 | 8~10 | 10~15 |
| 狗牙根（百慕大） | 15~20 | 20~25 |

（3）整地前应进行土壤处理，防治地下害虫。

（4）播种时应先浇水浸地，保持土壤湿润，并将表层土耧细耙平，坡度应达到0.3%～0.5%。

（5）用等量沙土与种子拌匀进行撒播，播种后应均匀覆细土0.3～0.5cm并轻压。

（6）播种后应及时喷水，种子萌发前，干旱地区应每天喷水1～2次，水点宜细密均匀，浸透土层8～10cm，保持土表湿润，不应有积水，出苗后可减少喷水次数，土壤宜见湿见干。

（7）混播草坪应符合下列规定：

混播草坪的草种及配合比应符合设计要求；

混播草坪应符合互补原则，草种叶色相近，融合性强；

播种时宜单个品种依次单独撒播，应保持各草种分布均匀。

2. 铺设草块、草卷

（1）掘草块、草卷前应适量浇水，待渗透后掘取。

（2）草块、草卷运输时应用垫层相隔、分层放置，运输装卸时应防止破碎。

（3）当日进场的草卷、草块数量应做好测算并与铺设进度相一致。

（4）草卷、草块铺设前应先浇水浸地细整找平，铺一层中沙整平，不得有低洼处。

## 草坪及草本地被播种常见问题

1. 品种选择不当，播种量比例不对。播种前未对种子进行消毒、杀菌。整地前未进行土壤处理，未防治地下害虫。播种土壤水分不足，播后未及时浇足水分。混播草籽品种搭配不合理。

2. 掘取、运输装卸不规范，草卷、草块残缺不全。地形整平不到位，低洼不平，排水不畅。铺设草卷、草块留缝不均匀，铺后与土壤接触不实，浇水不足。

3. 成坪后覆盖度不达标，单块裸露面积大，出现杂草，病虫害。

图4-18　疏林草地

图4-19　微地形草地

（5）草地排水坡度适当，不应有坑洼积水。

（6）铺设草卷、草块应相互衔接不留缝，高度一致，间铺缝隙应均匀，并填以栽植土。

（7）草块、草卷在铺设后应进行滚压或拍打，使其与土壤密切接触。铺设草卷、草块，应及时浇透水，浸湿土壤厚度应大于10cm。

**3.　成坪后要求**

草坪和草本地被的播种、分栽，草块、草卷铺设成坪后应符合下列要求。

（1）成坪后覆盖度应不低于95%。

（2）单块裸露面积应不大于25cm。

（3）杂草及病虫害的面积应不大于5%。

图4-20　小区草坪

# 5

第五章

## 城市园林绿化
## 管理养护要点

# 一、整形修剪

## 1. 修剪时期

（1）在当年12月份至次年3月上旬，对抗寒性强的乡土树种进行修剪。

（2）在每年3月上旬至4月上旬，对抗寒性差、易抽条的树种进行整形修剪。

（3）开花植物在花后应及时修剪残花。早春开花的植物须整形修剪的，应在花后进行，不得在冬季进行修剪。

（4）在每年4至11月重点进行除蘖修剪、抹芽等，并对重叠枝、交叉枝、垂折枝、徒长枝、干枯枝和病虫枝等及时进行修剪。

（5）冬季应结合冬季清园工作，对植物的病枝、产卵枝条、病菌寄生枝条、弱枝、内膛枝、重叠枝进行修剪，修剪下的枝叶应及时清运并集中销毁。

（6）根据气候条件和植物生长特性，适时对绿篱、模纹、组球以及造型植物等进行整形修剪。

## 2. 修剪要求

（1）乔木（含行道树）修剪

修剪树木前应制定修剪技术方案，包括修剪时间、人员安排、岗前培训、工具准备、施工进度、枝条处理、现场安全等，做到因地制宜、因树修剪、因时修剪。

应遵照先整理、后修剪的程序进行。即先剪除无需保留的枯死枝、徒长枝，再按照由主枝的基部自内向外并逐渐向上的顺序进行其他枝条的修剪。

剪、锯口应平滑，不得劈裂、留橛，留芽方位正确，切口应在切口芽的反侧呈45°倾斜。直径超过4cm的剪锯口应先从下往上进行修剪，并应涂伤口处理剂及时保护。

主干明显的树种，应注意保护中央主枝，原中央主枝受损时应及时更新培养。无明显主干的树种，应注意调配各级分枝，端正树形，同时修剪内膛细弱枝、枯死枝、病虫枝，达到通风透光。

孤植树应以疏剪过密枝和短截过长枝为主，造型树应按预定的形状逐年进行整形修剪。

行道树的修剪除应按以上要求和特殊景观设计要求操作外，还应符合下列规定：同一路段的同一品种的行道树树形和分枝点高度应保持一致，最低标准为2米。树冠下缘线的高度应保持一致，且不影响车辆、行人通行，最低标准为2米。道路两侧的树冠边缘线应基本在一条直线上。架空线、变压设备等附近的枝叶应保留出足够的安全距离，并在供电部门的配合下进行修剪。遮挡路灯、交通信号灯、指示牌的树枝应及时修剪。

（2）花灌木和绿篱修剪

单株灌木，应保持内高外低、自然丰满形态。单一树种灌木丛，应保持内高外低或前低后高形态。多品种的灌木丛，应突出主栽品种并留出生长空间。造型的灌木丛，应使外形轮廓清晰，外缘枝叶紧密。

短截突出灌木丛外的徒长枝，应使灌木丛保持整齐均衡。下垂细弱枝及地表萌生的地蘖应及时疏除。灌木内膛小枝应疏剪，强壮枝应进行短截。

残花和残果如无观赏价值或其他需要时宜尽早剪除。

花灌木修剪应根据开花习性进行修剪，并注意保护和培养开花枝条。

栽植多年的丛生灌木应逐年剪除衰老枝，疏剪内膛密生枝，培育新枝。栽植多年的有主枝的灌木，每年应交替回缩主枝主干，控制树冠。

绿篱及模纹图案植物的修剪应轮廓清晰，线条流畅，基部丰满，高度一致，侧面平齐。

绿篱及模纹图案植物在符合安全要求高度的前提下，每次修剪高度较前一次应有所提高。当修剪控制高度难以满足要求时，则应进行回缩修剪。

修剪后残留绿篱和地面的枝叶应及时清除。

（3）藤蔓植物修剪

藤蔓植物修剪整理的目的是使攀缘植物的枝条沿依附物不断伸长生长，尤其要注意栽植初期的理藤、造型，使其向指定方向生长以达到预期效果。

藤蔓整理时应将新生枝条进行牵引和固定。

吸附类藤蔓，应在生长期或休眠期剪去未能吸附墙体而下垂的枝条。

缠绕、依附类藤蔓植物，根据生长势进行修剪，可适当疏剪过密枝条，清除枯死枝。生长于棚架的藤蔓植物，休眠期应疏剪影响通风透光的过密枝条。

植株枝条应根据长势分散固定，固定点的设置，可根据植物枝条的长度、硬度而定。墙面贴植应剪去内向、外向的枝条，保存可填补空档的枝叶，按主干、主枝、小枝的顺序进行固定，固定好后应修剪平整。

（4）草坪修剪

草坪的修剪应根据不同草种的习性和观赏效果，进行定期修剪，使草的高度一致，边缘整齐。剪草的高度依草种、季节、环境等因素而定，掌握"修剪1/3，保留2/3"的原则，暖季型草坪高度一般保持在5cm以下，冷季型草坪一般

保持在10cm以下。

对于混播草种的混合型草坪，在春季气温回暖时，冷季型草生长迅速，应及时对冷季型草进行修剪，以免影响暖季型草的返青。例如果岭草混播黑麦草，在"惊蛰"以后，应对黑麦草进行多次修剪，不超过10天修剪一次，高度控制在3~5cm。

修剪应在干爽天气进行，阴雨天、病害流行期不宜修剪，同时应清除草坪上的石砾、树枝等杂物，以消除修剪操作的安全隐患。修剪工作应避免在正午阳光直射时进行，修剪后应及时对草坪进行一次杀菌防病害处理。

草坪不得延伸到其他植物带内，应做切边作业，边线要求整齐或圆滑，与植物带距离不应大于15cm。

## 二、浇灌与排水

1. 浇灌是为了满足园林植物各个阶段对水分的需要。针对赣县区的土壤环境和土质特点，浇灌一定要做到"适时""适量"，遵循"不干不浇，浇则浇透"的原则。

2. 浇灌时期

（1）夏季浇灌宜早、晚进行，冬季浇灌宜在中午进行。

（2）一天中浇灌的时间应根据季节与气温决定。夏秋高温季节，不宜在晴天的中午浇灌，宜在10:00前或17:00后避开高温时段进行。冬季气温较低，需浇灌时，宜在9:00后或16:00前进行，并防止气温过低对植物造成的冻害。

3. 浇灌要求

（1）根据浇灌不同类型的绿地采用不同的浇灌喷头等方法，建议采取微喷或滴灌等节水措施，有效节水，提高工作效率，达到最佳的浇灌保墒效果。

（2）绿地浇灌宜因地制宜地采用湖泊水、河流水、中水、雨水回收利用，当采用上述水源时，水质必须符合园林植物浇灌水质要求。

（3）无水源地采用洒水车浇灌，应进行缓流浇灌，保证一次浇足浇透，不得使用高压冲灌，且不宜在交通高峰期进行。

（4）采用微喷或滴灌等节水设施时，应经常检查喷灌或滴灌系统，确保运转正常。喷灌喷水的有效范围应与园林植物的种植范围一致，定时开关，并安排专人看管。

（5）对开花植物进行浇灌时，应避免冲刷花朵，浅根系花卉应避免冲刷植物根系。

（6）草坪在高温干旱季节应每隔2~3天避开高温时段浇透水，湿润根部应达10~15cm。

其他季节应根据栽植土壤保水性能进行浇灌，保持土壤根部湿润。

4. 排水要求

（1）城市绿地排水系统应做到外水不侵、内水能排。在雨季可采用开沟、埋管、打孔等排水措施及时对绿地和树池排涝，防止植物因涝至死。

（2）安排专人对绿地排水设施进行定期检查，保证设施完好，绿地和树池内积水不得超过24小时，宿根花卉种植地积水不得超过12小时。

## 三、松土除草

1. 园林植物生长期，应经常进行除草，把握"除早、除小、除了"的原则。除草宜结合松土进行，使表层种植土壤保持疏松，使其具有良好的透水、透气性。

2. 松土应在天气晴朗，且土壤不过分潮湿时进行，雨后不宜立即进行。

3. 除杂草应在杂草开花结实前进行，除草过程中，离植物主干距离越近，其除草深度则需要不断变浅，以不伤害植物根系或裸露植物根系或损伤植物表皮为限。

4. 道路行道树有护树板的应打开护树板，进行中耕除草后将护树板复位。

5. 清除方法可采用人工除草、生物除草、机械除草，慎用化学除草。使用高效低毒环保的化学除草剂前，宜进行小面积实验后再全面使用，应根据所栽培的园林植物和杂草种类的不同，确定药剂种类、浓度及施用方法。药剂不得喷洒到园林植物的叶片和嫩枝上。

## 四、施肥管理

1. 应根据园林植物生长需要、树种和土壤肥力情况，合理施肥，平衡土壤中各种矿质营养元素，保持土壤肥力和合理结构。以植物开花前施肥或分化期追肥为主，遵循"薄肥多施勤施"的原则。

2. 施肥时期

（1）植物休眠期以有机肥为主，生长季以复合肥为主，在植物生长季节可根据需要，进行土壤追肥或叶面喷肥。

（2）每年宜施肥至少2次，春秋两季宜为重点施肥时期。观花木本植物应分别在花芽分化前和花后各施肥一次。一天中通常情况下在10:00前和16:00后为宜。

（3）通常休眠期施肥在早春或晚秋进行，肥料为堆肥等有机肥，可在冬翻时结合进行。而生长期施肥在春季或秋季，肥料以复合肥和长效缓释肥为主，结合浇灌进行。施肥通常不宜在夏季进行。

3. 施肥要求

（1）施肥量应根据植物品种、生长期、肥料种类以及土壤理化性状等条件决定。树木青壮年期欲扩大树冠及观花、观果量，可适当增加施肥量。

（2）乔木、灌木等植物发芽前每年施0.5~1kg/株复合肥，以穴施为主。

（3）草坪施肥量：冷季型草坪返青前，可施腐熟粉碎的有机肥，施肥量50~150g/m²。生长期应视草情，适当增施磷、钾肥，晚秋时节可施氮、磷、钾复合肥或纯氮肥2~3次，每次约10~15g/m²。暖季型草可于5月和8月各施10g/m²尿素。草坪施肥宜在修剪后3~5天进行，施放后及时灌水。

4. 应使用卫生、环保、长效的肥料，以有机肥料为主，无机肥料为辅；不宜长期在同一地块施用同一种肥料。

5. 应根据植物种类采用沟施、撒施、穴施、孔施、环施或叶面喷施等施肥方式。沟施、穴施均应少伤地表根，施肥后应进行一次浇灌。

## 五、病虫害防治

1. 园林植物病虫害防治应遵循"预防为主，综合防治"的原则。应科学、有针对性地加强养护管理工作，做到安全、经济、及时、有效、低毒，使植株生长健壮，以增强抗病虫害的能力。

2. 宜保护和利用天敌，采用生物防治手段，推广生物农药。采用化学防治时，应选择符合环保要求及对有益生物影响小的高效低毒农药，禁止使用国家明令禁止的剧毒农药，宜不同药剂交替使用，喷施后应挂警示牌。采用物理防治应每年12月至次年2月结合冬季养护管理，通过修剪清理病虫枝、清除枯枝落叶、冬季挖蛹等措施清除越冬虫害。

3. 安排专人负责病虫害预测预报和防治工作。根据不同病虫害发生危害规律，提前做好防治防控。应避开人流高峰期并尽量采取封园或局部空间封闭喷洒，喷药应在无风晴天进行雾状喷洒，并按由内向外、由上向下、叶面叶背的顺序进行，不留空白。

4. 对赣县区园林植物危害既普遍又较为严重的病虫害种类如：蛴螬、光肩星天牛、樟巢螟、蚧壳虫、蚜虫、木虱、黑斑病、黄杨绢野螟、菟丝子、冠网蝽、红蜘蛛、夜蛾、刺蛾、桃叶蝉、红火蚁、白蚁、白粉病、煤污病、流胶病、叶斑病、根腐病、葱兰叶枯病、黄化病等需要加强治理。

## 六、换植与补植

1. 发生以下情况时可换植或补植

（1）对生长不良、枯死、缺株等自然死亡的园林植物应及时更换或补植。

（2）对生长环境不适的林下植物或与周边景观环境不协调的植物应移植。

（3）对人、建（构）筑物或电力等设施构成危险的植物，或自然灾害、意外事故导致植物倾斜、损坏的，应及时清除或扶正。

2. 补植要求

（1）补植时，宜选用与原有种类一致，规格、树形相近的树木和花卉。应根据植物的生态习性以及季节特点，安排改植、补植时间。

（2）一般在每年的春植和秋植时期进行树木的补植工作。落叶树的补植，一般应在春季萌芽以前或在秋季落叶后休眠期进行。针叶树、常绿阔叶树的补植，一般应在春季萌芽以前或在秋季新梢停止生长后霜降前进行。雨季补植应在春梢停止生长后进行。

（3）观花类的多年生地被，必须每隔四五年左右进行一次分株翻种，宿根、球根类地被植物，经3~4年生长后，根部拥挤以致影响其正常生长时，可根据不同类群的生理习性进行分株、更新移植。如地被出现空秃现象，应立即检查原因，翻松土层，如果土质欠佳应换土或土壤改良，并进行补栽，恢复景观。

## 七、绿地防护

1. 恶劣天气防护

恶劣天气来临前应根据树木的实际情况，对浅根性、树冠庞大、枝叶过密等抗风能力弱的乔木实施立柱、绑扎、培土、扶正、疏植、打地桩等作业，对易积水的绿地及时采取防涝措施。应加强对行道树的日常巡查，及时对出现倒伏、歪斜的树木进行扶正，对断枝进行及时清理。

2. 防寒

（1）赣县区寒冷天气在当年12月份至次年2月前后，依据气候特点和年平均气温等气象因素，对易受低温侵害的植物采取搭设风障、主干涂白（乔木及行道树高度1.3m，灌木高度在0.5m，分枝点低于0.5m的应刷至分枝点，同一街道或区域高度应一致）、裹纸或无纺布加绕草绳、喷洒防冻液、根基部培设土堆等防寒措施。

（2）对乔灌木、球类、草本花卉中抗寒性较差的花灌木（如扶桑、三角梅、鸭脚木、菊科植物等）可采取覆盖透气性材料（如无纺布等）、培土等方式进行防护。

3. 防暑

高温天气，易受高温危害的树木应避免太阳直射，采取遮荫、缠草绳、喷雾等措施降低温度预防日灼。同时，加强水分管理，宜在早晚气温较低时浇水，避免高温时段浇水。

4. 防人为破坏

（1）严禁在树体上钉钉子、绕铁丝、挂杂物或作为施工的支撑点。严禁攀折、刮蹭和刻划树皮等行为。严禁随意踩踏、偷窃、采摘花果等行为。严禁在绿地内乱堆乱放，在树体上张挂标语、晾晒衣物。

（2）对人为意外事故造成的植物破坏，首先应对妨碍交通和倾斜的危险树木进行抢救，已倒伏的树木，应对树冠进行重剪，并根据实际情况就地重栽或应急处理。

（3）保护绿地不被侵占，经上级批准临时占用的绿地，不得超过规定面积和范围，如有违反，须立即上报，及时劝阻，制止侵占和破坏绿地的行为。

5. 伤口及孔洞修复

对树体上出现的伤口、切口，应平整、清理后使用药剂消毒，并根据孔洞大小、类型等，分类采用引流、碳化、封堵等多种处理方式，封堵填充材料的表面色彩、形状及质感宜与树干相近。

## 八、宿根花卉和时令花卉的养护

1. 宿根花卉应根据不同品种的开花结实、越冬休眠等生长习性，采取相应养管措施。

2. 宿根花卉开花后，对有二次开花习性的宿根花卉，以及对不具观果价值的品种，应在花后及时修剪残枝、残花、残果。宿根花卉进入休眠状态后，应及时清除地上部枯枝、残叶。

3. 应根据土壤墒情适时浇水，喜湿的品种应在生长期保持充足的水分供给。对根蘖成丛的宿根花卉，宜调整栽植密度，于休眠期进行分株重栽。

4. 草本花卉开花后，应及时摘除残花，生长季节应及时清除黄叶，缺株应进行补栽，适时浇水、施肥或叶面施肥。应根据时令花卉的生长习性和要求，适时进行草本花卉的更新。

## 九、水生植物的养护

1. 应根据水生植物品种的习性和生长期，合理控制入水深度。在萌芽幼苗期，水不宜深，随着植株的生长，逐步增加水体水量，提高入水深度。

2. 当水体深度不适宜植物生长时，宜采用种植槽、种植土墩、坑穴或容器、支架等方式调整。

3. 施肥时不应污染水质，宜使用充分腐熟固态有机肥和缓释有机肥，不宜使用液态腐熟有机肥。

4. 应定期对过度蔓延及倒伏的植物、休眠期的枯枝败叶、影响景观和营养循环的植物进行疏剪整理。可在生长盛期对繁殖能力强的水生植物实施切除根茎、防止种子散播或采取维护圈养等措施。

5. 应及时对生长过旺、影响景观效果的水生植物实施分栽、更新复壮。对容器栽培的植物，应每年翻盆整新。

## 十、树围树池制作

1. 树围树池处理应坚持"因地制宜、生态优先"的原则。树池覆盖物材质、形状、质地、纹路及色彩等应与周围环境相辅相成，共同构成和谐统一的整体环境。同一区域、同一路段所采用的树池覆盖物须统一。

2. 树围池覆盖材料应满足生态、透水、通气等要求，在保证树木正常生长功能的前提下采用适宜的材料，尽可能考虑按照树木胸径大小，合理设计树池尺寸，利于树木生长，一般为树木地径的5～8倍，外形可为方形或圆形。

3. 道路树池边缘高度应与道路标高平齐。树池内栽植植物的，植物的生态习性应与乔木相近，且根系生长不得与乔木根系在同一土层内争夺养分，宜选择浅根性的灌木或地被。

4. 对耐水湿、耐贫瘠，生长过程中水分需求大的园林树木或有保水要求的绿地，宜制作下沉式树围，深度5～8cm，利于节水保水施肥，在雨水较多的季节应注意做好绿地排水工作，不得积水。

5. 对不耐水湿，排水不畅或地下水位过高的绿

图5-1 绿篱修剪养护

图5-2 草坪浇水养护

图5-3 草坪修剪养护

地，宜制作凸式树围，通常做成龟背形，以提高树木的成活率。对于高大乔木，凸式树围应采用景石处理，或配合周边地势进行微地形处理。

6. 行道树树围应采用特制树池盖板、草坪砖等透水材料进行处理，保证行道树树根有一定的开放土壤空间与外界交换，保证吸水、透气正常。

7. 绿地内根系发达的浅根系大型乔灌木，应在树围周边裸土范围内铺一层鹅卵石或植物碎片覆盖物。

## 管理养护常见问题

1. 园林植物养护管理不重视，重建设轻养护。

2. 养护队伍配备不齐全，一线养护人员未做相关的岗前培训，专业知识缺乏。一线养护人员不听从专业管理人员指令、意见及建议。

3. 未及时浇水，浇水未浇透，未合理掌握浇水时间、浇水要点，不了解各植物习性及对水分需求。未做雨期排涝工作。

4. 高温期，植物水分需求大，养护人员不足，机械设备不够用。

5. 杂草疯长，除杂草工作不及时。

6. 施肥不及时，施肥次数少，施肥量不够，施肥时间把握不准确。肥料品种使用不正确，施肥方法不正确，统一使用一种肥料，未根据植物需求施肥。

7. 植物生长难免出现不和谐枝叶，修剪整形工作未及时跟进，枯枝败叶未及时修剪、清理。修剪整形人员对整株树形把握不准确，操作顺序错乱，操作安全不重视。修剪后未清理被剪枝叶。

8. 因病虫害、水分缺失枯死的植物未及时清理、补种。草坪修剪不及时，修剪后未清理现场。因某些原因导致的部分草坪地形下陷，未及时揭开草皮填土填沙处理。

9. 病虫害预防不重视，病情发现不及时，病虫害治理不到位。施药后的地区在药剂残效期间照常开放。

10. 植物防践踏、防折损、防牲畜、防大风、防低温、防高温措施不到位，出现相关情况未及时补正。

11. 草皮蛮长侵入小苗内部，防侵入沟槽修建大小不均匀、不顺畅，乔灌木树兜未做树围树池处理。

12. 行道树常出现叶黄、枯枝、死亡情况，多为缺水缺肥所致。

13. 古树名木保护未建档、挂牌，出现状况未制定相应解决措施。

14. 对有毒性的园林植物未设置警示牌。

15. 未建立完整的植物养护技术档案。

## 十一、每月养护重点

**1. 一月养护重点（清除、保暖、修剪）**

一月份是全年中气温最低的月份，大部分树木处于休眠状态。

（1）及时对影响绿地景观效果的死树、残桩树进行清理，春节前完成。

（2）对于抗寒性较差的植物，如黄榕、黄花槐、扶桑、高山榕、小叶榕、橡皮树、红背桂等树木应注意防寒保暖。可以采取的措施有：缠草绳、包裹塑料纸或草帘子等。

（3）植物的水分管理应根据正常生长情况适度浇水，尽量在白天气温较高时进行浇水。

（4）及时对新植树木的护树桩进行检查工作，发现松绑、铅丝嵌皮、摇桩等情况时立即整改。

（5）结合冬季清园工作进行松土除草，对绿地土壤翻耕，清理土层中的越冬虫卵。

（6）冬季修剪，全面展开对植物的整形修剪作业。重点对乔灌木的枯枝、交叉枝、平行枝、病虫枝等进行修剪。严禁对早春开花植物进行修剪（如紫荆、海棠等）。

（7）春节期间加强秩序管理和卫生保洁工作，及时清理植物落叶，保持绿地干净整洁。

（8）继续做好时令花卉养护管理工作，保证良好的观赏效果。

**2. 二月养护重点（追肥、清除、排涝）**

二月份将以低温多雨天气为主，绿地内植物仍需加强植物防寒保暖工作。

（1）继续做好各公园、广场及重要道路节点摆放和更换。时令花卉要求精细化管理，残花要求及时剪除，清除花坛内杂草，做好松土、追肥等工作，保持良好的景观效果。

（2）做好绿地内排涝工作，防止植物受水浸泡烂根。

（3）做好绿地内死树、枯枝的清理工作，加强植物疏枝整形工作。

（4）做好绿地内植物的松土除草工作，重点加强对早春开花的植物松土并施花前肥，如碧桃、玉兰、樱花等。

**3. 三月养护重点（修整、追肥、防病）**

三月份气温逐渐回升，雨水相对充足，为苗木复苏关键期，也是苗木栽植的最佳时期，绿地养管工作任务随之增加。

（1）早春雨水相对充足，加强对于绿地内新植乔木支撑的巡查工作，发现支撑松动或倾斜乔木应及时绑扎扶正。

（2）做好绿地内植物的枯枝、冻伤枝叶、病虫枝、内膛枝、下垂枝的修剪工作，并且进行修枝整形。

（3）及时做好绿地内的排涝工作，防止积水浸泡，造成植物烂根。由于本月气温回升，雨水充足，绿地内杂草生长迅速，应做好杂草控制工作。

（4）对树围、色块进行松土除草，为施春肥做好准备工作。

（5）由于本月是预防植物病虫害关键时期，各承包单位及个人要重点做好预防工作，重点关注如：葱兰叶枯病、白粉病、黑斑病等病虫害。

**4. 四月养护重点（培土、拔草、防病）**

四月份适宜的温度、湿度，苗木进入迅速生长时期，绿地养护管理也进入到一年中的关键时期。

（1）做好绿地内裸土补植工作及新植苗木的养护管理工作。

（2）四月雨水相对充足，加强绿地内新植乔木支撑的巡查工作，发现支撑松动或倾斜乔木应及时绑扎扶正。及时做好绿地内的排涝工作，防止积水浸泡，造成植物烂根。

（3）做好春肥施放工作，应规范化操作，保证良好的施肥效果。

（4）做好绿地内植物的整形修剪工作，重点做好枯枝、徒长枝、下垂枝、内膛枝及脚芽的修剪。

（5）本月气温回升，雨水充足，绿地内杂草生长迅速，应及时做好杂草控制工作。

（6）本月是园林植物病虫害防治的关键时期，重点做好植物病虫害防治工作，重点关注如：蚜虫、杜鹃冠网蝽、刺蛾、葱兰叶枯病、月季黑斑病、白粉病等植物病虫害。

5. 五月养护重点（补种、拔草、排涝）

五月份气温进一步升高，雨水较多。高温高湿的天气使病虫害进入高发时期，绿地内植物生长也比较迅速。

（1）加强新补植苗木的养护管理工作。

（2）此时期由于绿地内杂草生长迅速，应及时清除绿地内的杂草，同时做好树围、色块的松土工作。

（3）加强绿地内植物枯枝、徒长枝及下垂枝的修剪工作，使绿地植物富有层次感、立体感及良好的形态。

（4）及时做好绿地内的排涝工作，防止积水浸泡，造成植物烂根。

（5）加强植物病虫害防治工作，重点关注碧桃流胶病、煤污病、植物病毒病、白粉病、黑斑病、蚜虫等植物病虫害。

6. 六月养护重点（修剪、防病）

六月份进入到高温高湿的天气中，绿地内植物长势旺盛，园林病虫害也将进入一个高发期。

（1）加强绿篱、色块、草坪、造型植物的修剪工作，及时对徒长枝、下垂枝、枯枝进行修剪，保证绿地植物富有层次感、立体感及良好的形态。

（2）及时清除绿地内的杂草及危害植物生长的菟丝子，同时做好树围、色块的松土工作。

（3）做好雨后园林绿地的排涝工作，防止路面积水及植物烂根。

（4）做好新植植物的养护管理工作。

（5）加强病虫害的防治工作，重点关注如：炭疽病、黑斑病、蚜虫、黄杨绢野螟、白粉病等病虫害。

7. 七月养护重点（浇水、防病）

七月份天气高温酷热，园林植物病虫害发生较频繁，抗旱保苗工作任务繁重。

（1）高温天气应做好植物的水分管理工作，重点做好新植植物的浇水工作。高温期间应安排在早、晚进行灌溉作业，尽量避免在10点至16点之间的时段内安排室外浇水作业。

（2）安排好一线绿化养护职工的上班时间，避免高温下浇水、修剪等作业对植物造成的不良影响。

（3）加强植物修剪工作。对绿篱、色块、草坪、造型植物等应科学规范进行修剪，对乔木徒长枝、下垂枝、病虫枝、枯枝应及时进行修剪，保证绿地植物富有层次感、立体感及良好的形态。

（4）及时清除绿地内的杂草及危害植物生长的菟丝子，同时做好树围、色块的松土工作，保持土表疏松利于水分渗透。

（5）加强安全生产工作，及时排查安全隐患，及时修复破损的安全设施，及时清除死树、危树、枯枝，及时消除隐患保证安全生产。

（6）加强病虫害的防治工作，重点关注如：杜鹃冠网蝽、粉虱、白粉病、煤污病、大叶黄杨枯萎病等病虫害。

8. 八月养护重点（浇水、防病）

八月份为盛夏酷暑期，天气炎热持续高温，保证绿地内植物水分充足、确保植物长势良好。

（1）继续加强高温天气植物的水分管理工作，作业时间应安排在早、晚进行灌溉作业，尽量避免在10点至16点之间的时段内安排室外浇水作业。

（2）避免高温下浇水、修剪等作业对植物造成的不良影响。

（3）加强植物修剪工作，及时修剪植物的徒长枝、下垂枝、病虫枝和枯枝，保证绿地植物良好的景观效果。

（4）及时清除绿地内的杂草，同时做好树围、色块的松土工作，保持土表疏松利于水分渗透。

（5）高温天气应重点做好植物的浇水管理，安排在早、晚进行植物浇灌。重点加强道路节点时令花卉的养护管理工作，保证土壤疏松、水分充足。

（6）加强安全生产工作，及时排查安全隐患，及时修复破损的安全设施，及时清除死树、危树、枯枝，及时消除隐患保证安全生产。

（7）加强植物病虫害的防治工作，重点关注如：樟脊网蝽、红蜘蛛、白粉蚧、夜蛾、紫荆角斑病等病虫害。

9. 九月养护重点（修剪、浇水、松土）

九月份气温将逐渐下降，雨水相对减少，天气干燥、植物水分蒸发量仍然较大，要保证绿地内植物水分充足、长势良好。

（1）九月份气温下降，天气转凉，但雨水偏少，各地块植物水分管理工作仍然不能忽视，特别是草坪应浇灌及时，加强肥水管理，保持良好长势及翠绿色泽，延迟草坪进入休眠期。

（2）做好植物的修剪工作，及时对徒长枝、下垂枝、病虫枝、枯枝进行修剪，并做好死树枯枝的清理工作，保证绿地植物良好的景观效果。

（3）及时清除绿地内的杂草，同时做好树围、色块的松土工作，保持土表疏松有利于水分渗透。

（4）加强病虫害的防治工作，重点关注如：桃叶蝉、黄化病、煤污病、粉虱、白粉蚧等病虫害。

10. 十月养护重点（浇水、松土、补种）

十月份气温逐渐变凉，早晚温差较大，天气比较干燥。

（1）做好时令花卉及开花植物的养护管理工作，重要节点要着重加强水肥管理，保证节日期间良好的开花效果。

（2）做好植物的修剪工作，及时对徒长枝、下垂枝、枯枝、断枝进行修剪。

（3）十月份虽然气温有所下降，但天气干燥，继续做好植物的水分管理工作。

（4）及时清除绿地内的杂草，同时做好树围、色块的松土工作，保持土表疏松利于水分渗透。

（5）加强植物病虫害的防治工作，重点关注如：蚜虫、黄杨叶斑病、白粉蚧、黄化病等病虫害。

（6）对枯死苗木进行拔除清理、补种、养护，确保园林景观效果。

11. 十一月养护重点（补种、修剪、防病）

十一月份气温下降较多，昼夜温差大，干燥少雨。大部分苗木停止生长，进入休眠期，叶片加速脱落，要加强水分、修剪等管理工作。

（1）十一月份气温下降，但天气较为干燥，各地块应继续做好植物的水分管理工作。

（2）做好植物的修剪工作，对乔木以及灌木进行整形修剪，着重加强乔木病虫枝、枯枝、下垂枝、交叉枝、平行枝的修剪。严禁对紫薇进行重度截杆式修剪，只需疏枝整形。

（3）做好绿地内树围、色块的杂草清除及松土工作，便于植物更好地吸收施放的秋肥。

（4）加强病虫害的防治工作，重点关注如：红火蚁、樟巢螟、黄化病、蚧壳虫等病虫害。

12. 十二月养护重点（保暖、清园、防病）

十二月份天气较为寒冷，大部分植物进入休眠期，重点加强绿地植物的冬季修剪及抗寒保暖工作。

（1）冬季修剪：应根据实际情况，合理安排修剪作业，对乔、灌木进行修剪、整形。重点对植物的枯枝、内膛枝、下垂枝、交叉枝、并生枝、病虫枝等整形修剪，减少其养分散失，控制高度及增加树下透光度，减小风害和控制大型树冠，促进植物树冠均衡形成。早春开花的植物严禁修剪。

（2）防寒设施的维护：做好黄榕、扶桑、黄花槐、鸭脚木等乔、灌木的防寒保暖工作，对不耐寒植物采取稻草绳绕杆、网膜覆盖、喷施防冻剂等防寒保暖措施，并做好相关台账记录，观察苗木生长变化情况。每日派人巡视防寒设施，防止风刮破损或人为损坏，及时修补或增加设施，对迎风面重点巡查。

（3）冬季清园工作：大部分病虫害的越冬体藏匿在树皮、病枝、落叶、芽鳞及土壤中越冬，清除病枝及落叶，烧毁或运出管护区，树干涂白和在树体及根部土壤处喷施石硫合剂会有效减少越冬病虫体，部分蚧壳虫和害虫以幼体或卵在小枝越冬，需人工摘除。对有病虫的植株，结合冬季修剪，消灭病虫。将病虫枝剪掉，集中烧毁。

（4）继续做好绿地内杂草的清除及松土工作，以利于已施冬肥的吸收。

第六章

# 园林植物
# 常见病虫害防治要点

## 一、园林植物常见病虫害防治要点

1. 园林绿化病虫害防治必须维护生态平衡、贯彻"预防为主，综合防治"的防治方针。充分利用园林植物群落结构，创造植物的多样性来保护和增殖天敌，抑制病虫为害。

2. 做好园林植物病虫害的预测预报工作，制定长期和短期的防治计划。

3. 加强行道树、街道绿地、广场以及水陆交通要道园林植物病虫害的防治，局部发生严重病虫害地区必须及时治理。

4. 对较普遍发生的蚧壳虫、蚜虫、叶螨等要随时防治，同时，还注意防治病毒病、根腐病、白粉病、煤污病以及袋蛾、刺蛾类幼虫对植物叶子的危害。

5. 严禁使用剧毒化学药剂和有机氯、有机汞化学农药。化学农药的使用应按有关安全规定执行。

6. 调配药剂应采用标准量具，按照经过试验而确定的比例和当天需要量进行配制，药剂应避免烈日暴晒。

7. 喷药要严格防止沾染到其他花木上，对敏感性强的花木，尤其是公园绿地，必须设置保护物隔离。

8. 喷药要均匀，有风时应注意风向，风大时不宜喷药。在草坪上操作时，药桶下要有保护物衬垫，药液不得外溢。

9. 药剂用完后，工具要立即洗净，洗下的水不得倒在植物根部附近和草坪上或其他花木中。施药工作人员完工后应洗净双手和脸部。

10. 严禁喷药工作中吸烟，孕妇不应参加喷药的操作。

11. 喷药后的地区在药剂残效期间应停止开放。

### 常见病虫害防治常见问题

1. 没有制定病虫害预防计划、治理措施。预防病虫害措施不到位，病虫害发现不及时、治理不及时。

2. 不了解病虫害成因、症状、后果。没有对症下药，错误使用药剂或使用药剂配比不正确，药剂使用时间不对。

3. 违反有关安全规定，使用剧毒化学药剂和有机氯、有机汞化学农药。

4. 未关注天气情况，下雨前喷药、大风期喷药。

5. 喷药工作马虎，态度不认真，药剂配比不准确，喷涂药剂不均匀。

6. 喷药工作人员不注重自身及他人安全，双手接触有毒药剂，喷药作业时吸烟，随意倾倒残余药剂。孕妇参加喷药作业。

7. 喷药后的地区在药剂残效期间照常开放。

图6-1　喷药防护不够

## 二、每月常见病虫害

### 一月：防柳树天牛

（1）光肩星天牛咬破树干产卵，卵孵化后首先在皮层下取食，经过一段时间后，一般以2~3龄幼虫蛀入木质部。根据其生活史，尽量将其消灭在蛀入木质部之前，可用人工挖虫或锤击将卵杀死。已进入柳树枝干木质部的越冬幼虫，在气温达到8℃时开始活动，12℃时便进入危害盛期。开始活动的时间大体在4月上旬。

注意视察树下天牛的排泄物，即木屑，一旦发现便进行防治。按照排泄物下落之处寻找树上天牛虫孔所在，用刻刀将虫孔周围树皮刻开，寻找天牛蛀洞，用磷化锌毒签插入蛀洞，随时发现随时堵，直到幼虫化蛹不易发现为止。打孔注药，在5月初幼虫开始活动时进行。距树根30~50cm处绕树打3个孔，孔与树向下成45°，将久效磷或14%吡虫啉、阿维菌素原药注入3个孔中，根据树径大小，每株树注入10~20ml，然后用黄泥封孔。

（2）为了提高来年植物的抗病能力，做好预防措施，各绿地养管承包人应根据标段绿地的具体情况，可采取根部施用铁灭克等药剂，对减少地下害虫、蛀干害虫以及刺吸性害虫越冬虫源和翌年的危害有良好效果。

### 二月：防蚧壳虫和白粉病

#### 1. 蚧壳虫

蚧壳虫又称花虱子，在假连翘、玉兰、月季、黄杨、紫薇等植物上危害较为严重。

物理防治：2月份，蚧壳虫类开始活动，但这时候行动迟缓，我们可以采取刮除树干上的幼虫的方法。

化学防治：有机磷乳油有40%杀扑磷（速扑杀，可透过蜡质层，杀死蚧壳下的虫体）1000倍液。在冬季防治害虫，往往有事半功倍的效果。

#### 2. 白粉病

该病可危害草坪、月季、玉兰、大叶黄杨、十大功劳等植物花卉。主要发生于叶片上，叶片两面布满白粉，使叶片皱缩。

防治方法：

（1）加强栽培养护预防，注意花卉的通风透光，避免闷热潮湿的环境。

图6-2　幼虫

图6-3　成虫

图6-4　受害树木

图6-5　蚧壳虫

图6-6　白粉病

图6-7　葱兰叶枯死

图6-8　葱兰叶枯病多丛

（2）少施氮肥，多施些磷钾肥。

（3）初侵染期喷施三唑酮（粉锈宁）、烯唑醇等杀菌剂，目前特效药剂为醚菌酯（又名翠贝）、喷克菌。

### 三月：防葱兰叶枯病和黑斑病

#### 1. 葱兰叶枯病

葱兰叶枯病也叫葱兰炭疽病、葱兰赤斑病是葱兰上一种常见病害。其症状是在线形叶上产生红褐色病斑或段斑，最后呈红褐色卷曲状枯死。由炭疽菌引起。病害在土壤瘠薄、排水不良及管理粗放的情况下往往发生较重。

分布及危害：葱兰叶枯病主要危害叶片，严

重发生时造成叶片枯萎卷曲似被火烧，由于叶片受到侵害，影响公园及绿化带的整体景观和观赏效果。

症状：发病初期在线形叶上产生红褐色针尖大小的病斑，从叶基部至叶尖端均有分布。随后，病斑逐渐扩大，呈梭形，长1.5～3mm，有时多病斑汇聚在一起而形成红褐色段斑。发生在叶尖端的病斑向下延伸，使叶片产生节状褪绿段斑，最后，褪绿段斑由黄变为红褐色卷曲状枯死。在病害发生严重的公园内，整丛葱兰的大部分叶片呈红褐色卷曲状枯死，远看似火烧一样。9～10月间，在病斑上产生小黑点状子实体，即炭疽菌的分生孢子盘，如遇潮湿环境，病斑处可

见粉红色的分生孢子堆。

发病规律：葱兰叶枯病病菌在病叶中越冬，翌年春季开始发病。病菌主要借助风雨传播，多从伤口侵染危害。病菌在长生季节可重复侵染多次，以5～6月份发生较重，夏季高温期间发生程度有所减轻。高湿、土壤贫瘠、种植过密均易于病害的发生。

防治方法：

（1）改进栽培管理措施，提高寄主的抗病性。选择土壤肥沃、排水良好的地方种植葱兰。种植时保持一定密度，注意通风透光。施用有机肥时，适当增施磷、钾肥，使植株发育健壮。秋季结合清园彻底清除病株、病叶。并集中烧毁或

深埋，减少病菌侵染来源。

（2）掌握病菌侵染时期，合理喷施农药。发病初期开始喷药，常用农药为70%甲基托布津可湿性粉剂1000倍液或福美双，或40%拌种双可湿性粉剂200～300倍液，每隔5～7天喷1次，连续喷3次左右，基本上能有效地控制病害的发生。

### 2. 黑斑病

植物黑斑病是由多种细菌和真菌引起。发病初期叶表面出现红褐色至紫褐色小点，逐渐扩大成圆形或不定形的暗黑色病斑，病斑周围常有黄色晕圈，边缘呈放射状、病斑直径约3～15mm。后期病斑上散生黑色小粒点，即病菌的分生孢子盘。严重时植株下部叶片枯黄，早期落叶，致个别枝条枯死。主要危害月季、春羽、十大功劳、金叶女贞、榆叶梅等植物。

物理防治：科学施肥，增施磷钾肥，提高植株抗病力。秋后清除枯枝、落叶，及时烧毁。加强栽培管理，合理密植，注意整形修剪，通风透光。

化学防治：新叶展开时，75%多菌灵500倍液或75%百菌清500倍液，或80%代森锌500倍液，7～10天1次，连喷3～4次。

四月：防冠网蝽、刺蛾、蚜虫病

### 1. 冠网蝽

以若虫和成虫为害植物的叶片，吸取汁液，排泄粪便，使叶片背面呈现锈黄色，叶片正面出现针点状白色斑点，严重时使全叶失绿苍白，影响植物光合作用，使植株生长缓慢，提早落叶，降低了观赏价值。主要危害杜鹃、月季、茶花、含笑、蜡梅、紫藤等植物。

防治方法：可用40%氧化乐果乳油或50%杀螟松乳油2000倍液、2.5%功夫乳油2500～3000倍液、10%吡虫啉可湿性粉剂1500倍液喷杀，各种药剂要交替用药，每隔7～10天1次，连续3～4次。

### 2. 刺蛾

刺蛾又名洋辣子、刺毛虫，常见种类有黄刺蛾、褐刺蛾、扁刺蛾和褐边绿刺蛾等，刺蛾的小幼虫常群集啃食树叶下表皮及叶肉，仅留上表皮，形成圆形透明斑；3龄后分散危害，发生严重时把叶片吃光，仅留叶脉与叶柄，严重影响植物生长，甚至造成植物枯死。主要危害大叶榕、红叶李、碧桃、枫杨、月季等植物。

物理防治：结合冬剪，彻底清除或刺破越冬虫茧。发生量大时，可在树干周围的土中挖茧，消灭越冬幼虫，在植物生长期，人工捕杀幼虫。

化学防治：幼虫发生初期喷90%敌百虫晶体1500倍液，或50%辛硫磷乳油1500倍液，或2%阿维菌素稀释1000～1500倍液，或用除虫

图6-9 黑斑病

图6-10 冠网蝽

菊酯类农药3000至5000倍液进行喷杀。

### 3. 蚜虫病

蚜虫属同翅目、蚜总科，是世界性大害虫，分布在全国各地。寄主有300多种，至少可传播55种病毒。

危害特点：蚜虫常造成枝叶变形，生长缓慢停滞，严重时造成落叶以致枯死。植物受蚜害时由于其唾液中含有某些氨基酸，注入植物组织后，引起生长素增多或分解减少而出现斑点、卷叶、皱缩、虫瘿、肿瘤等多种被害状，同时其排泄物常诱发煤污病。蚜虫的另一大害是可传带上百种植物病毒病害和其他病害，造成很严重的间接危害。

防治方法：利用天敌有些瓢虫、草蛉等，已能大量人工饲养后适时释放，另外蚜霉菌等亦能人工培养后稀释后喷施。这些活体药剂在有些地区已有现成商品出售。药剂防治：喷施3%除虫菊脂、2.5%鱼藤精、40%硫酸烟精，以上三种药剂均可稀释为800～1200倍液，20%二氯苯醚、除虫酯3000～4000倍液，40%氧化乐果2000倍液。每隔5周喷1次，连续3～4次。40%氧化乐果100倍液涂茎。根施3%呋喃丹颗粒，既治了蚜虫，又保护了天敌。

### 五月：防碧桃流胶病、紫薇煤污病、植物病毒病

#### 1. 碧桃流胶病

（1）症状：病部肿胀并流出树胶，树胶初呈透明状，最后变成茶色硬质胶块。发病严重时，树皮和木质部变褐腐烂，树势日趋衰弱，叶片变黄，整株干枯而死。

（2）发生规律：分生孢子发芽温度为8～40℃，最适温度为24～35℃。病菌在枝条病斑部位越冬，于次年3月下旬至4月中旬开始喷射分生孢子，靠降雨水滴溅进行传播，从枝条皮孔或伤口侵入，5～6月是染病高峰期，到9月中、下旬后由于气温下降，病菌才无力危害。

（3）防治方法：在碧桃休眠期，即在桃树萌芽前用抗菌剂402的100倍液涂刷病斑，杀灭越冬病菌，减少浸染源。在碧桃生长期5～6月，用50%多菌灵1000倍液或50%甲基托布津1000～1500倍液等，每半月喷洒一次，连喷3～4次。加强管理，注意开沟排液，增施肥料加强树势，提高树体的抗病力。

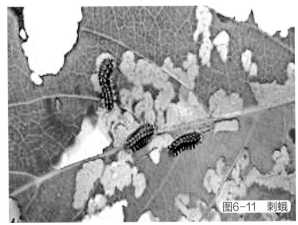

图6-11　刺蛾

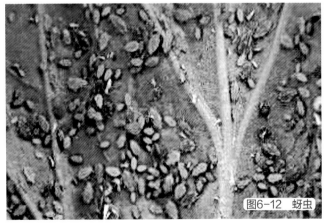

图6-12　蚜虫

图6-13　碧桃流胶病

## 2. 紫薇煤污病

发病症状：侵害紫薇主要是在其遭受紫薇绒蚧和紫薇长斑蚜危害以后，以它们排泄出的黏液为营养，诱发煤污病菌的大量繁殖。发病后病株叶面布满黑色霉层，不仅影响紫薇的观赏价值，而且会影响叶片的光合作用，导致植株生长衰弱，提早落叶。

发病规律：煤污病的病原菌是以菌丝体或子囊座的形式在病叶、病枝上越冬。因为紫薇长斑蚜和紫薇绒蚧排泄的黏液会为煤污病的病原菌提供营养，所以一般在这两种虫害发生后，煤污病都会大量发生。而6月下旬至9月上旬是紫薇绒蚧及紫薇长斑蚜的为害盛期，况且此时的高温、高湿也有利于此病的发生，故春、秋季是紫薇煤污病的盛发期。

治理措施：

①物理防治：加强栽培管理，合理安排种植密度；及时修剪病枝和多余枝条，以利于通风、透光，从而增强树势，减少发病。

②药剂防治：做好对长斑蚜、绒蚧的防治，是预防煤污病的关键因素。对上年发病较为严重的地块，可在春季萌芽前喷洒波美5度的石硫合剂，以消灭越冬病源。对生长期遭受煤污病侵害的植株，可喷洒70%甲基托布津可湿性

粉剂1000倍液，或喷洒80%代森锌可湿性粉剂500倍液，或20%粉锈宁4000倍液，或1%波尔多液，于5月中旬起，每隔10天喷1次，共喷3～4次。

## 3. 植物病毒病

危害特点由植物病毒寄生引起的病害。植物病毒必须在寄主细胞内营寄生生活，专化性强，蚜虫和飞虱是植物病毒的主要传播者。受害植物常表现如下症状：（1）变色。由于营养物质被病毒利用，或病毒造成维管束坏死阻碍了营养物质的运输，叶片的叶绿素形成受阻或积聚，从而产生花叶、斑点、环斑、脉带和黄化等；花朵的花青素也可因而改变，使花色变成绿色或杂色等，常见的症状为深绿与浅绿相间的花叶症如烟草花叶病。（2）坏死。由于植物对病毒的过敏性反应等可导致细胞或组织死亡，变成枯黄至褐色，有时出现凹陷。在叶片上常呈现坏死斑、坏死环和脉坏死，在茎、果实和根的表面常出现坏死条等。（3）畸形。由于植物正常的新陈代谢受干扰，体内生长素和其他激素的生成和植株正常的生长发育发生变化，可导致器官变形，如茎间缩短，植株矮化，生长点异常分化形成丛枝或丛簇，叶片的局部细胞变形出现疱斑、卷曲、蕨叶及黄化等。

防治方法：及时防治蚜虫等传毒媒介，可选用抗蚜威或吡虫啉进行蚜虫的防治，病毒发病

图6-14 紫薇煤污病

图6-15 植物病毒病

初期，喷施25%毒克星、病毒比克、植病灵、盐酸吗啉胍、氨基寡糖素、氯溴异氰尿酸（消菌灵）等抗病毒药剂，可一定程度抑制病毒病的发展。每周1次，连续喷3次。

六月：防炭疽病、黑斑病、蚜虫病、黄杨绢野螟病

### 1. 炭疽病

炭疽病是木本植物最常见的病害之一，主要危害：红叶石楠、红花继木、棕竹、八角金盘、茶花、大叶黄杨、玉兰、石榴等植物。受害叶片上产生坏死病斑，开始较小，后迅速扩展，浅褐色至暗褐色，形状大多不规则，有时能使叶片大部或全部枯死，或小枝上常产生圆形或椭圆形小型溃疡，可扩展成条斑或环切，使枝梢枯死。

防治方法：发病前，喷施保护性药剂，如80%代森锰锌可湿性粉剂700~800倍液，或75%百菌清500倍液进行防治。发病期间及时喷洒75%甲基托布津可湿性粉剂1000倍液，或25%炭特灵可湿性粉剂500倍液，或50%退菌特800~1000倍液。每隔7~10天一次，连续3~4次。

### 2. 黑斑病

植物黑斑病是由多种细菌和真菌引起，发病初期叶表面出现红褐色至紫褐色小点，逐渐扩大成圆形或不定形的暗黑色病斑，病斑周围常有黄色晕圈，边缘呈放射状、病斑直径约3~15mm。后期病斑上散生黑色小粒点，即病菌的分生孢子盘。严重时植株下部叶片枯黄，早期落叶，致个别枝条枯死。主要危害贴梗海棠、小叶女贞、月季、春羽、十大功劳、金叶女贞、榆叶梅等植物。

物理防治：科学施肥，增施磷钾肥，提高植株抗病能力。秋后清除枯枝、落叶，及时烧毁。加强栽培管理，合理密植，注意整形修剪，通风透光。

化学防治：新叶展开时，75%百菌清500倍液，或80%代森锌500倍液，7~10天1次，连喷3~4次。

### 3. 蚜虫病

蚜虫属同翅目、蚜总科，是世界性大害虫，分布在全国各地。寄主有300多种，至少可传播55种病毒。

危害特点：蚜虫常造成枝叶变形，生长缓慢停滞，严重时造成落叶以致枯死。植物受蚜害时由于其唾液中含有某些氨基酸，注入植物组织后，引起生长素增多或分解减少而出现斑点、卷叶、皱缩、虫瘿、肿瘤等多种被害状，同时其排泄物常诱发煤污病。蚜虫的另一大害是可传带上

图6-16 炭疽病

图6-17 黑斑病

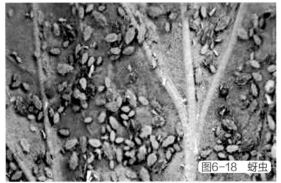

图6-18 蚜虫

百种植物病毒病害和其他病害，造成很严重的间接危害。

防治方法：利用天敌有些瓢虫、草蛉等，已能大量人工饲养后适时释放，另外蚜霉菌等亦能人工培养后稀释后喷施。这些活体药剂在有些地区已有现成商品出售。药剂防治：喷施3%除虫菊脂、2.5%鱼藤精、40%硫酸烟精，以上三种药剂均可稀释为800~1200倍液，20%二氯苯醚、除虫酯3000~4000倍液，40%氧化乐果2000倍液。每隔5周喷1次，连续3~4次。40%氧化乐果100倍液涂茎。根施3%呋喃丹颗粒，既治了蚜虫，又保护了天敌。

### 4. 黄杨绢野螟

以瓜子黄杨和雀舌黄杨受害最严重。以幼虫食害嫩芽和叶片，常吐丝缀合叶片，于其内取食，受害叶片枯焦，严重时可将叶片吃光，造成黄杨成株枯死。

物理防治：冬季清除枯枝卷叶，将越冬虫茧集中销毁，可有效减少第二年虫源。利用其结巢习性在第一代低龄阶段及时摘除虫巢，化蛹期摘除蛹茧，集中销毁，可大大减轻当年的发生危害。

化学防治：采用40.7%毒死蜱乳油1000~2000倍液，50%辛硫磷乳剂稀释1000倍、40%氧化乐果稀释1000倍、2%阿维菌素稀释

1000~1500倍喷洒，7天1次，共3次，对防治初期幼龄能收到较好的效果。

七月：防冠网蝽、粉虱、白粉病

### 1. 冠网蝽

以若虫和成虫为害植物的叶片，吸取汁液，排泄粪便，使叶片背面呈现锈黄色，叶片正面出现针点状白色斑点，严重时使全叶失绿苍白，影响植物光合作用，使植株生长缓慢，提早落叶，降低了观赏价值。主要危害杜鹃、月季、茶花、含笑、蜡梅、紫藤等植物。

防治方法：可用40%氧化乐果乳油或50%杀螟松乳油2000倍液、2.5%功夫乳油2500~3000倍液、10%吡虫啉可湿性粉剂1500倍液喷杀，各种药剂要交替用药，每隔7~10天1次，连续3~4次。

### 2. 粉虱

白粉虱主要危害茶花、垂丝海棠、西府海棠、月季、扶桑等多种植物。发生规律：温室内终年可繁殖。温室外5-10月均可发生，7、8月发生较多。为害特点：主要以成虫和若虫群集在寄主植物叶背，刺吸汁液危害，使叶片卷曲、褪绿发黄、甚至干枯。此外，还能分泌蜜露，诱发煤污病。

图6-19 黄杨绢野螟

图6-20 冠网蝽

图6-21 粉虱

防治方法：使用3%啶虫脒乳油2000～2500倍液或喷洒20%扑虱灵可湿性粉剂1500倍液、2.5%功夫菊酯乳油2000～3000倍液、20%灭扫利乳油2000倍液、10%吡虫啉可湿性粉剂1500倍液，隔10天左右1次，连续防治2～3次。

### 3. 白粉病

该病可危害草坪、月季、玉兰、大叶黄杨、十大功劳等植物花卉。主要发生于叶片上，叶片两面布满白粉，使叶片皱缩。

防治方法：（1）栽培养护预防，注意花卉的通风透光，避免闷热潮湿的环境。（2）少施氮肥，多施些磷钾肥；（3）初侵染期喷施三唑酮（粉锈宁）、烯唑醇等杀菌剂，目前特效药剂为醚菌酯（又名翠贝）、喷克菌。

### 八月：防樟脊网蝽、红蜘蛛、白粉蚧、夜蛾虫害

### 1. 樟脊网蝽

樟脊网蝽是近几年发现的一种樟树害虫。成虫、若虫群集叶背吸汁，被害叶正面呈浅黄白色小点或苍白色斑块，反面为褐色小点或锈色斑块。严重被害时，全株叶片苍白焦枯，无一幸免，对树势生长发育影响颇大，而对3m左右高的幼壮年树，为害更甚。

防治方法：5月上旬，喷施50%杀螟松1000～2000倍，或25%速灭威或25%西维因400～600倍。一般在喷药后全年得到控制，但仍应随时留心检查，如发现某一代虫口密度回升较快时，仍需防治一次。

### 2. 红蜘蛛

此虫喜欢高温干燥环境，因此，在高温干旱的气候条件下，繁殖迅速，为害严重。虫子多群集于花卉叶片背面吐丝结网为害。红蜘蛛的传播蔓延除靠自身爬行外，风、雨水及操作携带是重要途径。这种虫子为害方式是以口器刺入叶片内吮吸汁液，使叶绿素受到破坏，叶片呈现灰黄点或斑块，叶片橘黄、脱落，甚至落光。受其害的常见有月季、海棠、桂花、蜡梅、扶桑等。

防治方法：应用40%三氯杀螨醇乳油1000～1500倍液，20%螨死净可湿性粉剂2000倍液，40%氧化乐果1000倍液等均可达到理想的防治效果。

### 3. 白粉蚧

白粉蚧属介壳虫类，白色，身上长有外壳，是一层蜡质，具有防护作用。白粉蚧虫体一般吸附寄生在植物枝梢和叶片上，它吸取植株的汁液，因而对植株造成极大危害，被害植株不但生长不良，还会出现叶片泛黄、提早落叶等现象，

图6-22 白粉病

图6-23 樟脊网蝽

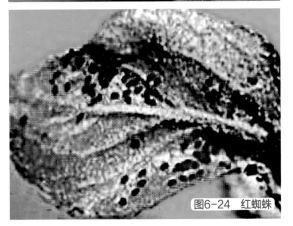

图6-24 红蜘蛛

严重时植株枯萎死亡，主要危害大叶黄杨、假连翘、小叶女贞、海桐等植物。

防治方法：使用25%吡虫啉可湿性粉剂4000倍液或40%氧化乐果1000倍液、2%阿维菌素1000倍液、40%速扑散700～1500倍液喷洒，隔10天左右1次，连续防治2～3次。

4. 夜蛾

成虫喜在叶背面集中产卵。初孵幼虫群集在产卵株的顶部叶背危害，取食叶肉成筛状小孔。幼虫活泼，稍受惊动即吐丝下垂而转移。龄后分散危害，受惊动以尾足和腹足紧握叶背，头部左右摆动，口吐黄绿色汁液。气温高、湿度大、时晴时雨天气最适宜发生。

物理防治：结合冬剪，彻底清除或刺破越冬虫茧。发生量大时，可在树干周围的土中挖茧，消灭越冬幼虫，在植物生长期，人工捕杀幼虫。

化学防治：幼虫发生初期喷90%敌百虫晶体1500倍液，或50%辛硫磷乳油1500倍液，或2%阿维菌素乳油1000倍液，或用除虫菊酯类农药3000～5000倍液进行喷杀。

九月：防桃叶蝉、黄化病、煤污病

1. 桃叶蝉

桃叶蝉主要以危害碧桃、红叶桃为主，但还危害蜡梅、红叶李等多种植物。以成、若虫群集叶片吸汁危害，致叶片白点斑斑、失绿，终致全叶苍白、易早落。

防治方法：在成、若虫危害期喷药毒杀。喷杀成虫以越冬成虫出垫产卵前为重点；喷杀若虫，以若虫孵化盛期为适时。可用20%扑虱灵可湿粉2000倍液或40%氧化乐果乳油1000～1500倍液；或10%溴氟菊酯乳油1000～2000倍液；或2.5%功夫乳油3000倍液，交替连喷2～3次，隔7天1次，喷匀喷足。

2. 黄化病

黄化病指的是叶面均匀地变为黄白色，其根据病原不同又可分为两种类型。

生理性黄化病：该病病因较多，其中较为常见的是缺铁性黄化，多表现为喜酸性植物如杜鹃、栀子花、红花继木等时新叶发黄，严重时叶片变褐干枯。此外缺硫、缺氮以及光照过强、浇水过多、低温、干旱等也会引起叶片黄化。此类病害主要通过加强栽培管理、合理施肥等措施解决，一般不需用药。

病理性黄化病：这是一类由类菌原体（一种

图6-25　白粉蚧

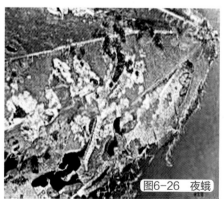

图6-26　夜蛾

图6-27　桃叶蝉

图6-28　黄化病

介于细菌与病毒之间的微生物）引起的传染性病害。

区别：生理性黄化病无传染性，而病理性黄化病有传染性，病理性黄化病在发生黄化症状时常常伴随丛枝现象（不定芽增生变多成"扫帚状"）发生。

防治方法：（1）生理性黄化：如缺铁型黄化就施用硫酸铁喷施叶面，缺多种元素黄化的可用叶六素叶面肥，以1∶1500兑水喷施叶面；（2）病理性黄化：及时防治叶蝉等病源传播介体；（3）药剂防治：采用四环素、黄龙宝药肥等药剂治疗。

### 3. 煤污病

发病症状：侵害植物主要是在蚜虫危害以后，以它们排泄出的黏液为营养，诱发煤污病菌的大量繁殖。发病后病株叶面布满黑色霉层，不仅影响植物的观赏价值，而且会影响叶片的光合作用，导致植株生长衰弱，提早落叶。

治理措施：（1）物理防治：加强栽培管理，合理安排种植密度；及时修剪病枝和多余枝条，以利于通风、透光，从而增强数势，减少发病。（2）药剂防治：做好对长斑蚜、绒蚧的防治，是预防煤污病的关键因素。对上年发病较为严重的地块，可在春季萌芽前喷洒波美3-5度的

石硫合剂，以消灭越冬病源。对生长期遭受煤污病侵害的植株，可喷洒70%甲基托布津可湿性粉剂1000倍液，或喷洒80%代森锌可湿性粉500倍液，或20%粉锈宁4000倍液，或1%波尔多液，于5月中旬起，每隔10天喷1次，共喷3~4次。

十月：防蚜虫、黄杨叶斑病、白粉蚧虫害

### 1. 蚜虫

危害特点：植物受蚜虫危害时植物叶片会出现斑点、卷叶、皱缩、虫瘿、肿瘤等多种被害状，同时其排泄物常诱发煤污病。会造成植物枝叶变形，生长缓慢停滞，严重时造成落叶以致枯死。

防治方法：喷施3%除虫菊脂800~1200倍液，除虫酯3000~4000倍液，40%氧化乐果2000倍液。每隔5天喷1次，连续3~4次。

### 2. 黄杨叶斑病

危害特点：黄杨叶斑病发生在新叶上，产生黄色小斑点后，渐渐地扩展成不规则的黄褐色大斑，病斑边缘隆起，褐色边缘较宽。隆起的边缘外有延伸的黄色晕圈，中心黄褐色或灰褐色，上面密布黑色小点，严重时病斑连成一片，叶片枯黄脱落，形成秃枝，影响景观效果，甚至造成死亡。

图6-29　煤污病

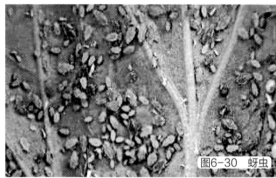
图6-30　蚜虫

图6-31　黄杨叶斑病

防治方法:(1)选取健壮无病苗木栽植。(2)结合修剪尽量清除焚毁已感病叶片。(3)修剪后喷仙生800倍液或烯唑醇2000倍液消杀残留的病原菌。于6月上旬至7月,喷施50%多菌灵500倍液或75%的百菌清500倍液、50%退菌特可湿性粉剂800~1000倍液进行预防,降低发病率,每10~15天喷1次,连喷3次。(4)冬季将落叶清除集中烧毁。

### 3. 白粉蚧

白粉蚧属介壳虫类,白色,身上长有外壳,是一层蜡质,具有防护作用。白粉蚧虫体一般吸附寄生在植物枝梢和叶片上,它吸取植株的汁液,因而对植株造成极大危害,被害植株不但生长不良,还会出现叶片泛黄、提早落叶等现象,严重时植株枯萎死亡,主要危害大叶黄杨、假连翘、小叶女贞、海桐等植物。

防治方法:使用25%吡虫啉可湿性粉剂4000倍液或40%氧化乐果1000倍液、2%阿维菌素稀释1000倍液、40%速扑散700~1500倍液喷洒,隔10天左右1次,连续防治2~3次。

### 十一月:防红火蚁、樟巢螟虫害

### 1. 红火蚁

又名入侵红火蚁、红色外来火蚁、赤外来火蚁、外来红火蚁、泊来红火蚁,属膜翅目,蚁科,切叶蚁亚科(台湾省称家蚁亚科),火蚁属。红火蚁的拉丁名意指"无敌的"蚂蚁,难以防治而得名。其通用名火蚁,则指被其蜇伤后会出现火灼感。红火蚁分布广泛,为极具破坏力入侵生物之一。在中国红火蚁是入侵生物。

防治方法:(1)物理防治。①对蚁巢内直接采用加热的方式杀灭红火蚁;所述加热的方式可以为火烧,清除蚁巢外四周20cm~1m范围内,打开喷火枪并点燃;用硬质物轻捅蚁巢,引出活红火蚁;将喷火枪喷出的火苗对准出蚁巢的活红火蚁群燃烧。②向蚁巢内直接灌入沸水,每隔5~10天处理1次,连续处理3~4次。

(2)化学防治。①毒饵法。每667m²施用0.015%多杀霉素饵剂0.4kg、氟虫腈饵剂0.25kg或0.5%吡丙醚饵剂0.25kg。施用后6小时内如发生降雨,需要重新施药。②单个蚁巢处理法。10%氯菊酯乳剂30g、28%溴氰菊酯乳剂30g、20%氰戊菊酯可湿性粉剂15g、10%氯氰菊酯乳剂20g、85%甲萘威可湿性粉剂30g或50%残杀威可湿性粉剂30g,兑水30kg,浇灌蚁丘。也可用白蚁净和沙斯6号喷洒蚁巢进行处理。

### 2. 樟巢螟

在樟树、天竺桂树冠上均能发现如鸟巢般

图6-32 白粉蚧

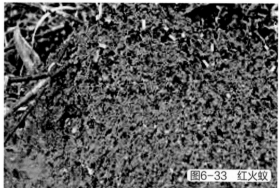

图6-33 红火蚁

图6-34 樟巢螟

的"虫苞"。个别单株"虫苞"数量多达二三十个。对可见的"虫苞"人工摘除，集中销毁，减少越冬虫源。第一代为害高峰在7月份，第二代为害高峰在9、10月份，如果温度适宜，幼虫为害时间可持续到11月份。药剂可选用90%晶体敌百虫800倍液、4.5%高效氯氰菊酯1500倍液或上述药剂混合使用，一个星期用药一次，连续2~3次。

## 十二月：防天牛虫害及做好冬季虫害预防

### 1. 天牛

柳树、红叶石楠等受天牛危害均较为严重。天牛幼虫蛀食主干、枝条，作不规则的隧道，破坏树体养分和水分的运输，以致树势衰弱，重者整株死亡。防治措施：在发生天牛危害的植株枝干，先用镊子或嫁接刀将有新鲜虫粪排出的排粪孔清理干净，然后塞入56%磷化铝片剂（分成0.2~0.3g的小粒，每一蛀洞内塞入一小粒）或磷化锌毒签，并用粘泥堵死其他排粪孔；或用兽用注射器注射2%阿维菌素稀释20倍液、50%杀螟松50倍液、50%的久效磷乳油2~5ml，再用泥浆封闭洞口。

### 2. 做好冬季虫害预防

随着冬季的来临，大部分苗木病虫害将以各种方式进入越冬休眠状态，因此，这一时期病虫害移动性小，正是预防病虫害的关键时机。

物理方法：冬季清园，清除枯枝落叶，合理修剪；适度中耕，不仅能促进根系生长，而且能将残余的枯枝落叶翻入土中，同时又能将潜伏在土壤中的地下害虫如地老虎幼虫、蝼蛄等造成机械伤害，破坏病虫害的生存环境，有效控制病虫害发生。

化学方法：根部施用呋喃丹、地害平、铁灭克等药剂，对减少地下害虫、蛀干害虫以及刺吸性害虫越冬虫源和翌年的危害有良好效果。

图6-35　天牛幼虫

第七章

# 7

# 园林绿化
# 工程合同管理要点

1. 养护期限：由于移植的园林植物对新环境、新气候有一定的适应期，建议绿化工程养护期限2个周年为宜（时令花卉除外），大规格植物和造型植物应延长养护期。养护期从竣工验收合格之日起计。

2. 竣工验收：要严格按照设计要求和相关验收规范验收，对于不达标的苗木，要求限时更换补种。

3. 二次验收：养护期满，应及时组织二次验收。

二次验收标准按照设计要求和相关验收规范验收。特别是行道树要按行道树二次验收参照表的要求验收。

4. 竣工验收和二次验收应由园林专业人员参加验收，如本单位相关专业人员缺乏，则应聘请相关专业人员参加。

5. 移交：二次验收合格后，建设单位应及时将绿化工程成果移交给园林管理部门统一管理养护。

## 常见问题

1. 施工单位急于移交，时期未到就组织验收。

2. 未按照设计要求和相关验收规范验收，验收要求低。

3. 验收流于形式，对不符合要求的苗木未更换、已枯苗木未清理，未补种。

4. 竣工验收和二次验收缺乏园林专业人员。

5. 交接不及时，形成管理真空，无人管理养护的情况。

# 行道树二次验收参照表

| 序号 | 苗木名称 | 苗木规格表（设计要求） | | | | | | 备 注 |
| --- | --- | --- | --- | --- | --- | --- | --- | --- |
| | | 苗木规格 | | | | | | |
| | | 高度（m） | 冠幅（m） | 胸径（cm） | 净干高（m） | 土球（cm） | 主分枝 | |
| 1 | 香樟A | 5.0～6.0 | ≥3.5 | 15～16 | 2.0～2.5 | 100 | 3～5分枝 | 全冠袋装苗、型佳、枝叶茂密 |
| 2 | 香樟B | 6.0～7.0 | ≥4.0 | 18 | 2.0～2.5 | 110 | 3～5分枝 | 全冠袋装苗、型佳、枝叶茂密 |
| 3 | 栾树A | 6.0 | ≥3.5 | 15～16 | 2.5 | 100 | 3～5分枝 | 全冠袋装苗、型佳、枝叶茂密 |
| 4 | 栾树B | 6.0～7.0 | ≥4.0 | 18 | 2.5 | 110 | 3～5分枝 | 全冠袋装苗、型佳、枝叶茂密 |
| | | 苗木规格表（二次验收要求） | | | | | | |
| 1 | 香樟A | ≥6.5 | ≥4.5 | ≥18 | 2.0～2.5 | — | 3～5分枝 | 全冠袋装苗、树干挺拔、型佳、枝叶茂密、无枯枝、叶浓绿、主干顶端优势明显、无病虫害 |
| 2 | 香樟B | ≥7.5 | ≥5.0 | ≥20 | 2.0～2.5 | — | 3～5分枝 | 全冠袋装苗、树干挺拔、型佳、枝叶茂密、无枯枝、叶浓绿、主干顶端优势明显、无病虫害 |
| 3 | 栾树A | ≥6.5 | ≥4.5 | ≥18 | 2.5 | — | 3～5分枝 | 全冠袋装苗、树干挺拔、型佳、枝叶茂密、无枯枝、叶浓绿、主干顶端优势明显、无病虫害 |
| 4 | 栾树B | ≥7.5 | ≥5.0 | ≥20 | 2.5 | — | 3～5分枝 | 全冠袋装苗、树干挺拔、型佳、枝叶茂密、无枯枝、叶浓绿、主干顶端优势明显、无病虫害 |

注明：苗木养护期为2年，其余树种参照此表。

# 后记

———

城市园林绿地建设成为城市建设不可或缺的一部分。它不仅能反映城市化水平，也能反映城市社会主义精神文明建设水平，是城市进步的重要标志。为了建设好城市园林绿地，许多城市出台了相应的城市园林绿化标准。

目前，城市园林绿化的需求逐步增多，对城市绿化要求也不断提高。由于地域差异，现有的城市园林绿地建设相关标准，不能完全适用于每个城市，针对性也不够强，这使得城市园林建设绿化质量参差不齐。

为快速提高城市园林绿化质量，满足城市园林绿化建设需求，园林工作者能有适用于当地城市园林绿地建设的标准，本书内容更切合园林工程的实际情况，全书以图文并茂的形式进行编写，直观易学。

本书结合赣县实际精心编写而成，内容翔实，系统性强，力求做到内容充实与全面。在结构体系上重点突出，详略得当，注意知识的融会贯通，突出了综合性、实用性、针对性的编写原则。

在本书的编写过程中，参考了一些书籍、文献和网络资料，以及其他城市园林绿化标准，部分网络图片直接引用到书中。另外，在本书的编写过程中，得到了许多专家和学者的热心指导以及多家园林企业的大力支持。在此谨向给予指导和支持的专家、学者、园林企业以及参考书、网络资料的作者致以衷心的感谢。

由于城市园林绿化的知识面广，内容繁多，且建设理念日新月异，因此本书很难全面反映其各个方面。加之编者的知识与经验有限，时间仓促，书中难免有疏漏和不妥之处，敬请业内专家和广大读者批评指正。如果引用的图片，其成果涉及知识产权保护，请联系江西省赣州市赣县区城市建设投资集团有限公司，联系电话0797-4449933，我们会及时加以改正。

编　者

二〇二二年九月